快读慢活

陪伴女性终身成长

向下生根，向上开花

[日] 玉置泰子 著
曹逸冰 译

浙江摄影出版社
全国百佳图书出版单位

浙江省版权局
著作权合同登记章
图字：11-2023-175

责任编辑：瞿昌林
特约编辑：周晓晗 王 瑶
责任校对：高余朵
责任印制：汪立峰

图书在版编目（CIP）数据

向下生根，向上开花 / (日) 玉置泰子著；曹逸冰译. -- 杭州：浙江摄影出版社, 2023.7
ISBN 978-7-5514-4565-8

Ⅰ. ①向… Ⅱ. ①玉… ②曹… Ⅲ. ①人生哲学－通俗读物 Ⅳ. ①B821-49

中国国家版本馆CIP数据核字(2023)第109540号

XIANGXIA SHENGGEN , XIANGSHANG KAIHUA
向下生根，向上开花

［日］玉置泰子 / 著　　曹逸冰 / 译

全国百佳图书出版单位
浙江摄影出版社出版发行
地址： 杭州市体育场路347号
邮编： 310006
网址： http://photo.zjcb.com
印刷： 天津联城印刷有限公司
开本： 880mm×1230mm　1/32
字数： 95千
印张： 6.25
2023年7月第1版　　2023年7月第1次印刷
ISBN 978-7-5514-4565-8
定价： 59.80元

目录

序章 工作到93岁，我的字典里没有“退休”二字

第1章 工作催人成长

第2章 顺利推进工作的方法

第3章 磨炼沟通技巧

第4章 助力成长的小习惯

第5章 不惧失败

第6章 如何当领导，怎么做下属

序章

工作到93岁，我的字典里没有“退休”二字

入选吉尼斯世界纪录！“全世界最年长的总务部职员”

我是土生土长的大阪人，生于1930年，现在已经93岁，至今依然在坚持工作，工作日的上班时间是上午9点到下午5点30分。

我在大阪市西区的三兴工业株式会社（一家专门经营螺丝的贸易公司）工作，担任“总务科长”一职。目前主要负责会计事务和全面质量控制（Total Quality Control，以下简称“TQC”）部门的运营工作。

2023年是我入职公司的第67个年头。公司希望我能在第一线活跃到100岁，而我也正有此意。

2020年11月，我入选了吉尼斯世界纪录，成为“全世界最年长的总务部职员”。这个“世界第一”的头衔来得着实令人意外，让我深受鼓舞。

这个结果当然与脚踏实地的积累是密不可分的。我有幸结识了许多优秀的伙伴，得以与公司一同成长。对我而言，这段经历是一笔无比宝贵的财富。

公司的应届生招聘方案是由我负责的，近年我也会承担新员工的培训工作，向他们传授工作方面的一些心得。再加上我和公司创始人奥山好太郎、现任董事长奥山泰弘和现任总经理奥山淑英都打过交道，因此我也会站在“见证人”的角度，向新员工讲述公司的发展历程。

说来有趣的是，我比现任董事长还要年长11岁，进公司的年头也比他更久，很多事情还真是只有我才知道。

在这本书里，我将结合自己的经历，将我在67年的职场生活中总结出来的经验和知识分享给大家，包括对待工作的态度，坚持挑战、不惧失败的精神，身为领导或下属各自应注意的事项等。

如果这本书能帮助大家顺利地推进各项工作，那就再好不过了。

在进入正题之前，我想先回顾一下自己是如何在这家公司一路走到今天的。

1956年，25岁的我入职了三兴工业。那时正是日本开始为经济快速增长打基础的时候。当时我们公司的名字还叫“三兴镔螺株式会社”，“镔螺”在日语里就是“螺丝”的意思。奥山好太郎先生在我入职的10年前，也就是1946年创办了这家公司，起初专做木螺丝的批发生意。“三兴”意为“兴员工、兴客户、兴供应商”，这也是公司不懈追求的目标。

实话告诉大家，三兴工业其实是我入职的第三家公司。个中曲折，且听我慢慢道来……

我父亲去世那一年，我才15岁。

父亲原本任职于联合纸器株式会社（专门从事瓦楞纸板生意的联合株式会社的前身），常年超负荷的工作早就拖垮了他的身体。父亲原本就个头矮小，身体也不算强壮，在退休后没多久，便永远离开了我们。

我当时15岁，下面有一个12岁的妹妹，外加两个年幼的弟弟，分别是8岁和5岁。母亲虽然才39岁，但从小娇生惯养，身体也不太好，于是我心中萌生一种责任感：我得接替父亲撑起这个家，否则一家人就要流落街头了！

直到今天，这份责任感仍是我埋头工作的原动力。

于是我刚刚从大阪的商业高中毕业，就开始赚钱养家了。

最开始，我经学校的推荐进了一家人寿保险公司的总务部，但在3年后由于种种原因选择了离职。

之后，我进入一家做纺纱生意的公司，负责劳务方面的工作。谁知后来这家公司与另一家公司合并了，办公地点从大阪府变成了三重县。考虑到弟弟们年纪还小，我实在不能离开大阪，无奈只得离职。

后来多亏表姐介绍，我得以入职现在这家公司——三兴工业。

本想立即辞职，谁知一干就是67年

一眨眼，我已经在这家公司待了67年。起初我是真没想到自己会一路干到今天，毕竟刚入职没多久，我就冒出了“辞职”的念头。

刚入职的时候，公司总共就十几个人，规模很小。我本以为自己只需负责总务工作，实际入职了才发现什么都得管。

协助销售人员就不用说了。到了午餐时间，我还得统计大家想吃什么，出门采购面包和盒饭。有时甚至还要帮住在公司宿舍的员工做饭。

我总觉得这不是自己心仪的工作，提不起劲来上班，甚至请了整整一个星期的假。介绍我去上班的表姐听说以后狠狠教训了我一顿：“你当工作是什么啊？你能为公司做什么啊！”

多亏表姐骂醒了我。“自己明明还只是个半吊子，却随意抛下了公司安排的工作任务，这也太不像话了。既然拿了工资，就得先踏踏实实完成好公司布置下来的任务。”——我就此摆正心态，以全新的精神面貌投入工作。

67年转瞬即逝。现在回想起来，刚踏入社会的我就是如此“不知天高地厚”。

要不是三兴工业这些年一直在发展壮大，我也不可能一路干到今天，我对此也是由衷地感激。

要知道，公司在创办初期经历了不少经营层面的风雨与挑战。

创始人还在的时候，我问过他当年是怎么想的。他的回答至今仍萦绕在我耳畔——“我是抱着决不能让公司倒闭的信念坚持下来的，毕竟这家公司不是我一个人的啊！”

公司属于每一位员工和他们的家属。当然，公司的繁荣发展也永远离不开客户与商业伙伴的支持。因此，三兴工业的创始人一直都高度重视员工以及他们的家属，重视自己的客户和商业伙伴，时刻对他们心怀感激。因常年在创始人身边耳濡目染，知恩图报便也成了我的处世原则。

多亏了亲朋好友的支持，我才能精力充沛地投入工作。我对这份恩情心怀感激，也想以力所能及的方式报答他们，努力帮助他人。

继承了创始人信念的员工们都会在工作中扪心自问：“我正在做的这件事有没有帮助到别人？”

“谢谢你，帮大忙了！”——所以我给同事们送填好的票据时，也能听到这样的感谢之词。“我真的帮到了别人，谢谢你与我分享这份感激！”——如此一来，感激之情便会油然而生。正是这种心态让我的工作变得更有价值，也让我在工作中收获了更多的快乐。

永远对世界心怀好奇

“永远心怀好奇”也是我在工作方面谨遵的原则之一。

因研究气候变化获得2021年诺贝尔物理学奖的美国普林斯顿大学高级研究员真锅淑郎老师说过这么一句话：“最有趣的研究，是由好奇心驱动的研究。”

好奇心在我们的工作中发挥着重要的作用。如果你对一切都充满好奇，不断打磨自己的创意和点子，即使每天都要做的是常规业务也不会索然无味。

“明天试试这个法子好了。”——只要你有这样的心态，定会翘首期盼明天的到来。

我们公司在40多年前（1981年）开始电脑办公。当时我已经51岁了。

在那之前，我负责的会计工作全靠手写的台账，过账、汇总的时候难免会出错。听说用电脑就能避免这种问题，我便生出了无限好奇，心想："还有这种好东西呢！"还记得刚开始用电脑做账的时候，我每天都是抱着兴奋和期待的心情去上班的。

公司的TQC是从1983年开始的，但我其实早就实行了"单人TQC"。因为我在好奇心的指引下，一直都在为提高工作质量而不懈努力。

这种通过工作实现的"自我变革"，对我来说也是绝妙的享受。

今时今日，社会方方面面的价值观日趋多样化。工作的目的、对待工作的态度和推进工作的方式自然也是因人而异。

我也很清楚，自己这种"活到老，干到老"的活法并不一定就是唯一正确的答案。正因为答案不止一个，才会有那么多人为自己该走哪条路而感到无比烦恼。

如果我的经验和观点能为迷茫的年轻朋友们提供些许参考，那将是我最大的荣幸。

第1章

工作催人成长

今天努力过，明天就能再接再厉

2020年，我入选了吉尼斯世界纪录，成为“全世界最年长的总务部职员”。表彰典礼都快开始了，我才知道有这么一回事。

在典礼上，主持人突然让我发表一下感言。惊讶之余，“积小为大”四字脱口而出。这个词出自江户时代的思想家二宫尊德，意为“小小的努力日积月累，就会变成巨大的成果”。

93岁的我仍活跃在自己的工作岗位上，但这不过是日积月累的结果罢了。我也不是从一开始就打算坚持干到耄耋之年。但“今天努力过，明天就能再接再厉”是我一直信奉的人生座右铭。

我有一个坚持了50多年的习惯，那就是每天早上练30

分钟的瑜伽。瑜伽中有一个很重要的部分——冥想，而冥想的精髓就是“专注于当下”。不用过多纠结明天会怎么样，先竭尽全力把今天过好。

今天的努力，定能为明天打下坚实的基础，所以明天也一定能提起劲来全力以赴——这些年来，我一直都是这么告诉自己的。

睡一觉，一睁眼，新的一天便开始了。我也不过是在这样的重复中不断“重启”自己，每天都以全新的精神面貌实践“活在当下”而已。

在我看来，今天并不是昨天的延续。“好困啊，要不要睡个回笼觉啊！”“真不想去上班！”……如果一个人刚醒来就冒出这种念头，那就意味着他的“昨天”也许还没有结束，还没有完成“重启”。

昨天犯了错误，也没必要耿耿于怀，甚至把苦恼带到第二天。过去的终究只是过去。人也无法回到过去重来一遍，所以我们唯一能做的就是“重启”自己——向前看，全力过好今天。

我之所以信奉“今天努力过，明天就能再接再厉”，还有另一个原因，那就是年龄从来都不是人生道路上的障碍。

孩子还在妈妈肚子里的时候，就是一天一个样，不断茁壮成长。出生之后，成长的步伐也不会停歇。渐渐地，孩子就学会了翻身，开始爬来爬去，然后扶着东西站起来，最终学会用双腿直立行走。

公司员工的成长也是如此。刚入职的时候肯定是什么都不懂的菜鸟，但随着经验的日积月累，员工的技能会不断提升。就算无法像婴儿那样快速成长，但也定能在每日的工作中一点一点地进步。

尽管我已经93岁了，但我仍能切身体会到，今天的自己比昨天进步了一点点，明天的自己也一定会比今天再进步一点点。

正因为如此，我才会坚信“今天努力过，明天就能再接再厉”。

凡事彻底，清扫尤其重要

大家都知道，理所当然的平凡小事更要做到极致，这离不开勤勤恳恳的态度，所以做不到的人怕是不在少数。

理所当然的事情都做不好，那还有什么意义？只有凡事彻底，才有可能结出硕果。

仅仅坚持一两天，也不会带来太大的变化。但要是能坚持做上一两年，结果便会完全不同。人们常说“坚持就是力量”。每天的点滴积累，定会催生出巨大的能量，这就是所谓的“积小为大”。

将理所当然的平凡小事也做到极致，见人打招呼、守时、保持仪容整洁……细数起来，需要我们坚持去做的“小事”还真不少。

其中，最为重要的莫过于“清扫”。

“凡事彻底”有5个重要的维度，即人们常说的“5S”①。

“5S”是“Seiri（整理）”“Seiton（整顿）”“Seiso（清扫）”“Seiketsu（清洁）”和“Shitsuke（素养）”这5个日语词的罗马拼音首字母的缩写。其中我格外重视的就是“清扫”，因为清扫是整理的前提条件。

打扫过办公桌，把东西归纳整理好之后，我还会把电脑上无用的文件和软件拖进回收站，一键清空。无论是办公桌，还是电脑桌面，都要营造出必要项的位置一目了然的状态，这样能大幅提高你的工作效率。

据说办公桌和电脑桌面的状况甚至会影响到使用者的思维。桌面收拾得干干净净，思路才会更加清晰，脑子转得自然更快。

“即刻交付（产品）固然重要，但最要紧的还是即刻响应。”——我们公司的现任董事长总把这句话挂在嘴边。只要做好清扫和整理，即刻响应就不是难事。

---

① “5S”起源于日本，是指在生产现场对人员、机器、材料、方法等生产要素进行有效管理的一种管理办法。

有了整洁的桌面，你就能从容自如地应对领导、前辈和商业伙伴的紧急需求。客户通过电话或邮件咨询时，也能立刻给出回复。

干净整洁的办公室还有一大益处，那就是待着舒服，能激发出员工的干劲。无论是刚入职的时候还是现在，我早上到公司以后做的第一件事都是打扫卫生。

自己的办公桌周围就不用说了，会议室、卫生间等公共区域我也会尽可能都打扫一下。

日本的学校一般都让学生自行打扫教室、走廊和卫生间，这是教育的一个重要环节。而欧美一些国家的学校往往是将清洁工作交给专业的服务人员。

大多数公司跟外国的学校一样，会请专业人员负责办公室的清扫工作。但我们公司的办公室都是员工自己清扫的，只有部分特殊区域例外。早在我67年前入职的时候就有这条规矩了。

身为熟知公司历史的老员工，我也会参与新员工的培训工作。培训时，我会反复强调凡事彻底和清扫的重要性。

前些天早上，我看见了让人欣慰的一幕：刚入职一年的新员工用过卫生间的洗手池后，拿纸擦去了溅出来的水。

见状，我便说：“早呀！哎呀，擦得真干净，谢谢你。”她很是欢快地回答：“您不是在培训的时候说了嘛，打扫卫生最要紧了。这就叫作‘凡事彻底’嘛！”

“她还记着呀！”我心里顿时乐开了花。

清扫也是销售的基本功

“清扫也是销售的基本功”是我的一贯主张。

做销售的朋友肯定都很注重仪表。头发要梳理整齐，指甲也要勤修剪，还要注意着装，以免让人看着不舒服。

大家都知道第一印象有多重要。据说外表在第一印象中的占比高达90%。销售业绩与第一印象的关系更是密不可分。积极印象（“这个销售把自己收拾得真干净”）与消极印象（“这人看着有点邋遢”）带来的结果有着天壤之别。

而且“第一印象”不会给人改写的机会。

第一印象格外牢固，很难在事后扭转，即便第二次见面时想办法弥补，恐怕也是徒劳。

公司给人的第一印象也是如此。客户第一次到访时，便会对这家公司形成第一印象。

门口、会客室这种接待宾客的地方自不用说。走廊、卫生间有没有打扫干净？员工的办公桌是否干净整洁？员工们的精神面貌是否饱满，是否充满活力？

只有在上面提到的方方面面都达到合格，客户才会觉得“这家公司不错，以后可以多跟他们合作”。

新型冠状病毒感染疫情（以下简称“新冠疫情”）暴发后，公司和每一位员工是否认真合理地采取了防疫措施也成了衡量一家公司好坏的重要标尺。因为防疫措施做不到位的公司及员工不太可能对大环境的变化做出灵活的反应。

从这个角度看，参与公司销售工作的又岂止是与客户直接打交道的外勤销售人员，包括内勤人员在内的全体员工其实都是销售的责任人。而销售的基本功之一就是打扫卫生。

至少，这是我在工作中一贯秉承的信念。

打扫卫生有助于设身处地地思考问题

打扫卫生是实现“5S”的第一步，也有助于在工作中养成一个重要的习惯，那就是站在他人的角度思考问题。

来到我们公司的访客在走进会客室之前必然会经过员工的办公区。因此在整理办公桌的时候，我们会萌生出这样的念头：不能让访客看着不舒服。

打扫会议室的时候，我们也会告诉自己：要让下一批开会的人享受舒适的环境。

前面提到的那位新员工肯定也是希望下一个用洗手池的人能用得舒服，所以才会花时间擦拭。

由此可见，打扫公用的办公场所时，我们会自然而然地想象自己和他人会如何使用这个地方，使用时会有怎样的感受。

这其实就是设身处地地站在他人的立场上思考问题。

无论你从事的是什么样的工作，都需要顾及他人的感受。如果你任职于销售部门，那当然要考虑客户的感受。任职于后勤部门，便需要考虑到员工的感受。在处理工作的过程中，我们也要为负责后道工序的人多多考虑。

你要是无法按期交付，留给后道工序负责人的时间自然就少了。只要能考虑到这一点，就不至于自说自话、拖慢进度，只顾自己了。

工作中需要多琢磨客户使用产品或服务时的感受，而打扫卫生有助于养成这种习惯。

是因为领导下了命令，所以随便打扫一下敷衍了事，还是站在下一个使用者的角度想问题，主动打扫卫生？

从长远来看，每天抱着后一种心态打扫卫生的员工定能收获不一样的成长。

凡事彻底有助于建立自信

对刚进公司的年轻人说“凡事彻底”，他们不一定能立刻领会。毕竟对年轻一代来说，听到这样的说法可能多少会有抵触情绪。

不过，如果他们在学生时代参加过社团活动，那就可以这么教他们：“当年教练和前辈要求你们做的一些事情，你们起初肯定也纳闷‘这有什么用啊’，但久而久之，就会发现那些经验能帮到自己，不是吗？”

教练和领队肯定会反复叮嘱棒球队的孩子们：打招呼时要声音响亮，摘下帽子；训练前要捡起场地上的垃圾，平整地面；手套、钉鞋和其他装备要定期养护；击中了球就要全速奔跑……这都是“凡事彻底”的表现（我本人喜欢看体育比赛，也喜欢参与其中，所以经常拿体育运动打比方，还请谅解）。

打招呼、清扫场地、养护装备……用心做好这几件事，也许和个人技能的提升并没有直接联系，但每天大声问候队友，就会自然而然形成团队凝聚力。认真清扫场地，就能亲眼看到地面的状态是如何随季节和天气变化的，而这些发现也许能在潜移默化中助力防守和击球。用心养护装备，不仅可以减少养护不善造成的种种隐患，还有助于发现自身的弱点。若能察觉到左右鞋底的磨损情况不同，便能据此改进投球和击球的姿势。

无论是在体育运动层面，还是在工作层面，凡事彻底都能有效帮助我们建立起“我可以坚持到底”的自信心。不需要做什么特别厉害的事情，只要能把平平无奇的小事做到极致，便能收获不可估量的益处。

当凡事彻底成了习惯，就会演变成“例行公事”。

传奇球星铃木一朗就是出了名地重视每日例行公事的人。

他曾如此回顾高中三年的生活：“我每天睡前都会练10

分钟的挥棒动作。尽管只有短短的10分钟，但我一年365天都练，一天都不休息。”

对棒球运动员来说，“挥棒”就是不折不扣的“小事”。铃木一朗的伟大之处就在于他把这样一件小事变成了“例行公事”，坚持了整整三年，一天都没偷过懒。

据说每逢有比赛的日子，他都是第一个到球场，有条不紊地做好跑步热身、拉伸这样的“小事”。

每位员工都用“凡事彻底”要求自己，公司里自然而然就有了秩序。

平时保持秩序井然的状态，一旦出现些许混乱，员工便能立刻意识到组织里有某种异常情况，进而防患于未然。

在个人层面也是一样的，努力做到“凡事彻底”，便能在身心出现异常变化时及时发现。觉得注意力难以集中，就有意识地增加睡眠时间。感觉整个人无精打采，就吃点有营养的东西补充精气神……这样的点滴积累定能帮助我们保持最佳的身心状态。

主人翁意识不能少

领导布置了任务给你，你便是这项任务的主人翁。千万别因为事情是领导安排下来的，就摆出事不关己的态度。要把它当成自己的重要任务，认真完成。

任务确实是领导安排下来的，但只要你接受了，那就得负责到底。带着这种责任感投入工作是我的一贯原则。

员工在公司里各司其职，不过单就手头的任务而言，我们每一个人都是当仁不让的主人翁。

如果态度消极被动，只当接受的任务是领导安排的差事，那就容易疏忽大意，导致结果不尽如人意。抱着主人翁的态度认真对待，就不容易松懈犯错了。

领导把任务交到你手上，你就要把自己当成任务的责任人。“认清责任”说的就是这么回事。

为避免误解，我想再补充一点：抱有主人翁意识并不等于随心所欲。主人翁意识的关键在于带着责任感开展工作。

任务一旦从“别人的事”变成“我的事”，各种想法和创意就会自然而然冒出来。但这并不意味着你可以随心所欲，想怎么做就怎么做。

在开展工作的过程中融入自己的想法和创意，而不是机械地照章办事，这才是工作的乐趣所在。然而，过度自信与刚愎自用也是大忌。主人翁意识确实不能少，但最终为结果承担责任的大多是领导。如果因为个人擅作主张而捅了娄子，连领导和团队其他成员都得跟着遭殃，那就得不偿失了。这一点请务必牢记在心。

下属不止一个，领导却特意安排你来做，这说明领导对你抱有期许，还想看看你会怎么应对这件事。

“争取如期完成任务，达到既定目标，让领导庆幸当初指派了我。”——这股劲头定能转化为工作的动力。无论任务是大是小，道理都一样。

找“做得到”的方法，而不是“做不到”的理由

哪怕直觉告诉我“这项任务好像很难完成”，我也决不会在尝试之前断然拒绝，撂下一句“我做不到”。

因为在列举“做不到”的理由之前，我会先积极探寻“化不可能为可能”的方法。

创意与灵感总会在试图克服“做不到”的过程中迸发。“想办法”有助于激活大脑，而且这样的经历也能帮我们积累经验，成长为更优秀的人。

如果在多方尝试之后，还是觉得可能无法在截止日期前拿出令人满意的成果，那么就不能听天由命，应尽快向周围的人寻求帮助。

工作不一定要独立完成。公司不仅仅是个人的集合体，更是上下一心的团队。遇到了困难，就去找领导和同事。反过来也一样，有人向你求助，你也应该积极伸出援手。

不过，求助也要遵守规矩。要先与领导打好招呼，征得许可。可以这么说：“您前些天安排的那项任务，我想在截止期限之前交出一份令人满意的答卷，您看能不能请某某过来帮我一下？”

下属都说到这个份儿上了，当领导的肯定不会不分青红皂白地驳回。

我的职位是科长，平时也会给下属布置任务。如果对方是经验不太丰富的新人，我会视情况准备一份操作指南给他参考。可惜有些人对照指南都无法在要求的期限内完成任务。真出现这种情况，我这个领导也得负一定的责任。因此，领导也希望下属在遇到困难时尽早开口求助。

养精蓄锐也是工作不可或缺的环节

人不可能时刻保持最佳的身体状态。“今天感觉不太舒服，硬撑着去上班也没法全力投入工作。”——遇到这种情况时，希望大家可以鼓起勇气请假休息一下。

在我年轻的时候，许多人对“请假”这件事抱有一定的负罪感。其实因为身体不好请假是非常正当的，没必要为此感到内疚。

要是带薪假期还有剩余，感觉来不及在过期之前用完，直接请带薪假也不错。总而言之，不舒服的时候要好好休息，养精蓄锐，等身体恢复了再回来上班，之后努力工作就是了。

没有正当理由就随便请假是不折不扣的偷懒行为，不在我们的讨论范围内。身体真不舒服的时候，还是应该请假休息一下。运动员常说，“休息也是训练的一个环节。”我想借用这个句式告诉大家，“养精蓄锐也是工作的一个环节。”

只要你与领导、同事建立起了良好的“报联商（报告、联络、商谈）”，他们就一定会安排妥当，帮忙填补你请假造成的工作空缺。

传统的日本企业往往设有全勤奖，专门用来鼓励全年无迟到缺勤的员工。但在身体不舒服的时候硬撑着去上班，并不是什么值得赞扬的行为。

新冠疫情也帮助全社会认清了这一点。如果发烧或其他症状是由传染病引起的，去公司上班可能会导致病毒的进一步扩散，甚至严重危害公司的运转。

我们公司原来也有全勤奖。实话告诉大家，公司取消这项制度的时候，第一个拍手叫好的就是我。虽然我自己很少请假，但一直都暗暗觉得没必要拘泥于全勤。

身体不舒服却硬撑着爬到工作岗位上，工作效率也不可能高得起来。还不如休息一段时间，等养足精神再回来上班，这样对公司和同事们显然都更好。

牢记“活到老，学到老”

我们公司和一家培训机构签订了合作协议，大力支持以年轻人为首的全体员工提升技能，实现个人发展。培训机构每年都会更新课表，供各部门员工浏览。员工们可以选择自己喜欢的课程，费用公司全包。

在我看来，公司内部培训的成功在于让员工主动选择自己要学什么，而不是公司强制安排。我们公司的员工都是自己选课上的，不会出现领导吩咐下属说“你去参加这场培训”的情况。

没法在“要我做”的状态下提起干劲是人之常情。因为领导下了命令，负心违愿地参加培训，也不可能把课上学到的东西化作自己的知识和经验。长此以往，反而有损公司的利益，毕竟是公司在支付培训费用。

自主选择的课程，学起来肯定更有干劲，也更容易坚持下去，最终才能收获良好的学习效果。

我感觉年轻员工倾向于选择提升沟通技巧以及如何设定目标的课程。碰到不知道该选什么的新人，领导也会提供几个选项，告诉他“你可以学一些这方面的技能”，让他从中选择。有一定资历的员工则倾向于选择与管理、领导力有关的课程。

多亏了这项难能可贵的制度，公司里一年到头都有人在参加培训。这可能是因为大家都有主动学习、不断进取的态度吧。我深切体会到，这就是公司充满活力、持续发展的动力之一。

我选过的培训课程有“说话的艺术”“管理技巧”等。

在切换到现在这套培训制度之前，我们公司用的是另一套培训制度。当时我报过一个主题为“人生管理”的个人发展培训班。

培训中有一个环节是“写下成长过程中最让你感激的几件事”。这令我再次认识到，我之所以能成为今天的自己，离不开许多人的帮助与支持。那次培训也成了我注重“感恩”的契机（详见序章）。

在深夜最寂静的时刻走向内心

我年轻时日子过得很是穷苦，单单活着就得拼尽全力。那时候，大家都有种“要想活下去，就必须努力工作”的紧迫感。

当年的人不如现在的人有这般运气，没有人奢望靠自己想做的事情谋生。

国家变得富裕固然是好事，但与此同时，似乎也有一些年轻人在为找不到自己想做的工作而烦恼。

我建议这样的年轻人读一读我最喜欢的诗人之一莱内·马利亚·里尔克（Rainer Maria Rilke）的《给青年诗人的十封信》（*Briefe an einen jungen Dichter*）。这本书收录了里尔克为青年诗人答疑解惑的一系列信件。

里尔克写道：“你向外看，是你现在最不应该做的事。

没有人能给你出主意，没有人能够帮助你。只有唯一的方法：请你走向内心。……在夜深最寂静的时刻问问自己：我必须写吗？”①

里尔克的崇拜者中不乏名人，连大名鼎鼎的玛丽莲·梦露（Marilyn Monroe）都说过，“我要是没看过里尔克的《给青年诗人的十封信》，肯定早就疯了。”据说美国著名女歌手Lady Gaga把里尔克用德语写的一段诗文文在了自己的左臂上。

如果你找不到自己想做的工作，不妨听从里尔克的建议，试着在寂静的夜晚扪心自问。没人会告诉你“你想做什么”或“你想从事什么样的工作”。答案就在你内心的最深处，所以唯一的办法就是静下心来，不断在孤独中自问。

也许一个夜晚的思考还不足以得出结论，也许这个过

① 摘自《给青年诗人的十封信》（上海人民出版社，2019年版，冯至译）。——译者注

程需要耗费好几周乃至好几个月。只有走向内心，深刻自问，才能认清自己想做什么，想从事什么样的工作。

就算你在许多个夜晚的沉思后依然没有任何发现，那也没有关系。

下面这话可能听起来带着些许哲学意味，但我还是想告诉大家，只要你还活着，那就至少可以找到一件想做的事情，即“活在当下”。到了明天，你便会再一次冒出“活在当下”的念想。不断重复这个过程又有何妨，因为“活着”本就是一件足够美妙的事情。我的一生可谓是饱经风霜，如今都93岁了，依旧对此深信不疑。

认识到“活着就很美好”之后，请大家试着在“活在当下”前面加上三个字：“快乐地”。当你想要快乐地活在当下时，你的思维就会切换成“做什么能让我快乐”。

“找不到想做的事”这一烦恼往往源于消极思维。若能把思维切换成“快乐地活在当下”，就能变消极为积极。

我坚信，大家能够在这种积极思维的延长线上发现自己真正想做的事。

打造健康体魄，力争生龙活虎干到100岁 ①

规律饮食

这些年来，我几乎没生过什么病。

我并没有完全不注意身体，但也不是那种特别注重养生的人。倘若有人问我“您的健康秘诀是什么呢”，说实话，我也答不上来。

硬要说我有什么秘诀的话，那就是尽可能规律饮食，确保营养均衡。都说饮食是健康的基础，我觉得自己在这方面还是能及格的。

我与小自己三岁的妹妹住在一起，两人各司其职：我出去工作挣钱，妹妹负责各类家务。她做得一手好菜，我的饭菜也都是她准备的。

工作日的早餐通常是简单的西式餐点，包括吐司、三种时令水果、牛奶和蔬果汁。休息日的早晨则会吃稍微费事一点的日式早餐，反正两个人都不赶时间。我最爱吃黏黏的东西，所以经常吃白米饭、纳豆、秋葵加豆腐味噌汤这样的组合。

至于午餐，我每周会有两三天带妹妹准备的便当去公司。不带饭的时候，就去公司附近的便利店买盒饭吃。我的饭量本就不大，吃不了多少，所以专挑分量少的买。

晚餐基本都是下班后回家吃，妹妹会备好日式料理等着我，主菜一般是鱼。

妹妹是素食主义者，不吃肉，所以她会再做一些醋拌或水煮的蔬菜，我也能“蹭”上几小碟，几乎不用担心营养不均衡的问题。

妹妹约等于我的私人厨师，用心呵护着我的健康。我一直都很感激她的付出。

第2章

顺利推进工作的方法

不要过度自信，赶早不赶晚

什么样的任务都有“截止期限”。

现代社会的商业环境瞬息万变，截止期限也比过去来得更快，工作节奏不够快，就无法交出令人满意的答卷。

看似独立的任务，也是一连串流程中的一个环节，好似接力跑中的一棒。要知道，我们负责的每一项任务都有“前道工序”与“后道工序”。没能在期限内完成任务，就会影响后道工序的正常开展，给其他同事甚至团队造成麻烦。你的失误说不定还会引发多米诺骨牌效应，最终给客户造成不便。

在工作中扪心自问“我在做的这件事有没有帮到别人”是我们公司创始人的信念。而我对这句话还有另一层理解：不能让“前道工序”的努力付诸东流，要将工作成果以最佳的状态传递给“后道工序”的负责人。

给年轻员工布置任务的时候，我发现有些人答应得挺快，却不确认截止期限。请大家务必牢记，领导布置任务的时候，一定要问清楚“什么时候截止”。

问清截止期限以后，便可以通过倒推妥善管理工作日程。需要优先考虑的是与组织的全体成员共享的截止期限，而不是你个人的安排。

其实在我们的工作中占比最高的莫过于“常规工作”。而常规工作的耗时可以根据以往的经验大致估算出来。这次的工作量大概是平时的两倍，所以耗时应该也是两倍左右。像这样，我们就可以做出大致的预测。

为了妥善管理日程，我养成了写工作日志的习惯。因为不写日志，就无法把握各项工作的耗时，很难将日程安排妥当。

明确了截止期限和所需时间，再根据实际需求，以月、周或天为单位，对任务进行分解细化，并记录在日历或进度表上。大家也可以使用电脑或智能手机上的日程管理程序与团队的其他成员共享日程，这样既方便又不容易出错。

需要注意的是，凡事尽量赶早不赶晚，别总想着卡点交差。要是你过于自信，抱着“卡点交就行”的心态去完成任务，就很容易出错，以至于无法如期完成。而且一旦出错，就意味着你需要额外花费时间去弥补，无法按时完成的概率自然会高。

为避免这种情况，我在安排日程的时候就会留出足够的时间，每一步都尽量提前完成。

再提醒大家一点：如果你发现任务量超出了自己的能力范围，千万别等到截止期限快到了，才找领导哭诉“我搞不定了”。

这种情况也要赶早处理，即尽早和领导汇报现状，商量对策（详见P28）。如此一来，领导就会找人来帮你，或者将你负责的一部分工作分配给其他人。

根据“重要性”和“紧迫性”明确优先级

在工作中，无论什么时候，我手上都有多项任务要完成，想必读者朋友们也是如此。不难想象，其中有些任务是非常重要的，有些则没有那么高的优先级。

要是不知道该从哪一项做起，一不留神就会拖过截止期限。

为了避免这种情况，我们必须先根据“重要性”和“紧迫性”这两大标准明确各项任务的优先级别。

先看“重要性”。对公司具有重大意义的任务理应享有最高的优先级。如果你自己无法判断其重要程度，记得找领导确认一下。

再看“紧迫性”。截止期限将至的任务也需要我们优先考虑，即使它没有那么重要。哪怕你觉得它无关紧要，但是逾期完成，哪怕只晚一点点，也有可能影响后道工序的正常开展。

专为管理任务服务的“待办事项清单（To-Do List）”能有效帮助我们实现优先级的可视化。“待办”就是“有待处理”的意思。据说很多家长也会用待办事项清单管理孩子的学习进度。毕竟除了学校布置的作业，孩子们还有许多其他任务要完成，比如补习班的作业、兴趣班……大脑再年轻，记性再好，不列成清单也只能是一团乱麻。

待办事项清单也是公司职员必备的工作利器。

我对自己的记性是很有信心的，但还是会在工作中运用待办事项清单，时刻提醒自己不要过度自信。

用“巧速”避免失误

开展工作的方式本就因人而异。不知各位读者是更倾向于侧重质量而非速度的“巧迟”，还是将速度置于完美之上的“拙速”呢？

都说“巧迟不如拙速”，但我认为“巧迟”与“拙速”都不好。兼具两者优点的“巧速”才是我潜心追求的目标。

我本是偏爱“慢工出细活”的类型，但也会用“巧速”来要求自己，尽可能提前交付。假设一个人忙得不可开交，截止期限又迫在眉睫，在这种情况下，“拙速”看似是更明智的选择。也许有人觉得，只要速度够快，就算有些失误也无碍大局，反正时间还比较宽裕，后期修正也来得及，但我不敢苟同。要是因为“拙速”出了一堆错，就会有很多部分需要返工，甚至出现不得不重新来过的情况。这就意味着你可能需要花很多时间来纠正，以至于错过截止期限，影响后道工序。

在长年累月的工作中，我始终信奉一句话：“最快的工作方式就是不犯错。”

在日程安排允许的范围内，尽可能仔细地做好每一步，犯错的概率自然就低了。错误越少，浪费在返工上的时间和精力就越少。这样才能实现“巧速（仔细+快速）”。

在忙于处理多项任务的时候，突然来了一项很紧急的工作——我素来认为，这种情况下最能体现出一个人的真本事。即便是在这样的紧急情况下，我仍会保持冷静，不疾不徐，以“巧速”逐个击破。

专注眼前工作的小妙招

怎样才能避免在工作中犯错呢?

我给大家支个招——办公桌上只放和当前需要完成的任务（待办事项清单上排得最靠前的任务）有关的文件资料。

试图同时完成多项任务，容易导致意想不到的失误，最终拖垮你的进度。

同时运行多个软件会影响电脑的处理速度。同理，试图通过同时处理多项任务来提高工作效率也只会适得其反，因为大脑和肢体的处理能力终究是有限的。这样很容易拉长单个任务的耗时，并让你犯下更多的错误，形成恶性循环。

因此，建议大家只在办公桌上放置与目前正在处理的任务有关的文件资料，创造一个能让自己专注眼前的环境。桌子上堆着好几个项目的文件资料，自然容易混淆。翻找资料也会浪费宝贵的时间。要是重要的资料就此石沉大海，不知所终，那就更麻烦了。

如果你确实需要在同一天内处理多个项目，不妨先专注优先级较高的那个，告一段落后就把相关资料收到提前划定的临时存放区（比如办公桌的边角或抽屉里）。然后拿出下一个项目的文件资料，摊在桌上。如此一来，就能守住“桌上只放和一项任务有关的资料”这个大原则。

用电脑办公也是一样的，建议大家不要同时打开多个项目的相关文件，只打开优先级最高的项目的文件。告一段落之后，就把相关文件关闭，然后再打开新的文件，着手处理下一项工作任务。

想要集中精力完成一项工作任务，减少失误，实现“巧速”，“清扫思维”必不可少。

将办公桌和电脑“清扫”得干净整洁，就更容易专注眼前的工作。

在专注的同时顾及周围

我经常埋头干手头上的工作，全神贯注到不知道周围发生了什么事。

即使有好几个项目需要处理，我也会根据其重要性和紧迫性排列优先级，从最紧要的项目做起，逐一稳步完成。能否做到有条不紊，关键在于你能在多大程度上集中精力完成手头的任务。

毕竟有些工作确实需要你全神贯注，为病人做紧急手术的急诊室外科医生和传统工艺的工匠（如在陶瓷、服饰上绘制图案的画师）应该都深有体会。

外科医生和工匠的工作成果在很大程度上取决于个人的表现，所以他们确实应该专注半径一米范围内的事物。部分公司职员也是如此，系统工程师搭建新系统时可能也需要完全隔绝外界的干扰，沉浸其中。

但我们普通人的工作不仅仅是单打独斗，更离不开团队的配合。即使每个人处理的业务各不相同，最终的产出终究是整个团队的成果。

确保整个团队拿出高质量的成果才是最终目标，因此我们必须在全神贯注的同时与同事们密切配合。

“周边视觉”是运动员不可或缺的运动视觉之一，简单来说，就是在专注眼前目标的同时以宽广的视野观察周围的能力。就如篮球运动员和足球运动员会一边盯着球和面前的对手，一边扫视整个场地，寻找传球以及投篮或射门的机会一样。

普通公司员工也需要在专注手头工作任务的同时，运用“周边视觉”关注职场的整体情况，把握好“点与面”的平衡。

没有经验的新人连自己手头的工作都忙不过来，可能没有闲心观察周围。但随着经验的积累，你会变得越发游刃有余，有能力在专注手头工作的同时观察周围同事的情况。前辈与领导尤其需要多留意新人的进度。

如果你就是负责布置工作任务的人，这样的观察就更是必不可少了。在下属处理工作的时候频频插嘴干预并不可取，因为这样会有损人的自主性。但“报联商”如果不够顺畅，你又担心下属的进度，不妨随口问一句“进展如何”，或者告诉他“有什么需要尽管找我商量”。

“踏踏实实型”优于“干脆麻利型”

时代变化的速度是一年快过一年，我这种年纪的人确实很难跟上。可要是无法及时应对大环境的变化，搞不好会跟恐龙一样走向灭绝。

因此，我一直都用“不急不躁，脚踏实地用心做”要求自己，同时有意识地去应对变化。

由于变化速度的加快，需要以“快”来应对的情况是越来越多了。不过这个“快”字有“尽快（Fast）”和“趁早（Early）”这两层含义。前者意味着你可以在相同的时间内更快地完成任务，后者则是时间上提早的意思。

有些人是以“尽快”见长的干脆麻利型，我自己则更擅长“趁早”，属于踏踏实实型。

大环境变化的速度确实加快了，但这并不意味着我们每一个人都必须成为以“尽快”见长的干脆麻利型。

只要从自身的特点出发，用心去适应变化就好。

要求每一个人都走“尽快”路线，搞不好就会催生出这样的想法——如果今后变化的速度进一步加快，中老年员工就没法继续奋斗在工作岗位上了。

我并不认为“尽快”是唯一的出路。就算你是处理速度很快的干脆麻利型，前期磨磨蹭蹭，着手开工的时间太晚的话，说不定也无法在截止期限前拿出高质量的成果，一如寓言《龟兔赛跑》中的“兔子”。

我平时很喜欢看书。放眼望去，市面上的经管类书籍好像都比较推崇注重效率的干脆麻利型。但处理效率再高，最终却没能拿出高质量的成果，那也毫无意义。

我虽然是处理速度不那么快的踏踏实实型，但只要着手开工的时间够早（Early），然后稳步推进，就能在截止期限前交出一份高质量的答卷。

举个简单的例子：如果我认为上午10点开工赶不及在当天下午5点前完成的话，就会提前到公司，上午9点就开工。这正是《龟兔赛跑》中的乌龟采用的策略。

干脆麻利型看似比踏踏实实型潇洒许多，所以很多人都想走“尽快”路线。如果一个人既是干脆麻利型，又懂得踏实苦干，那就是打遍天下无敌手的不可多得的人才。但多年的工作经验告诉我，干脆麻利型大多不擅长踏实苦干。相较之下，我这种踏踏实实型往往会兢兢业业地对待自己的工作，尽管这话听起来有点自吹自擂的嫌疑。

工作不是田径或游泳比赛，比的不是速度。关键在于能否在到达“截止期限”这一终点时拿出高质量的成果。

大家应该都很清楚自己是干脆麻利型还是踏踏实实型。充分发挥自身特点，灵活应对商业环境的变化才是明智之举。

“惯性”最可怕

早在1983年，我们公司就启动了TQC系统，旨在改良企业体制。一眨眼，这项改良措施已经开展了40年。这也能从侧面说明，无论我们投入多少巧思，业务仍有改进的余地。

新业务自不用说，哪怕是做惯了的常规业务，也完全有可能实现质量与效率的进一步提升。在日常工作中，我总会扪心自问：怎样才能提高工作质量和工作效率呢？可见持续40年的TQC早已深入我的骨髓。因此，司空见惯的常规业务也不会让我感到无聊。因为我坚信，这个月可以比上个月做得更好，今天可以比昨天做得更好。

只要带着这样的心态投入工作，你就一定会有新的发现，而这些发现定会为你注入源源不断的动力。

在工作中，最需要我们警惕的莫过于“惯性”。

跟去年一样，跟上个月一样，跟昨天一样……带着这样的惯性工作，便无异于“机械作业”。在这种状态下，我们很难在工作中发现乐趣，工作积极性也会逐渐降低，进而导致工作质量的下降与种种失误的产生。

很多人以为TQC的中心思想是剔除业务流程中的无用功，但有些看似无用的环节也有不可替代的意义。其实无用功可以大致分成两种：“有意义的无用功”和“没有意义的无用功”。后者理应剔除干净，以便提高效率，前者则可以视情况保留。

人们常说“人生没有无用功”，只要我们将每一件事都转化成经验，加以吸收学习，就一定能有所收获。在工作中，从看似无用的事物中获得新的启示也是常有的事。

“这个环节好像没什么用啊！”——在大刀阔斧砍掉某个环节之前，大家不妨深度揣摩一下，琢磨琢磨它为什么会被保留至今，它背后是否还隐藏着深意。

在我看来，只有这样才能让无用功“变废为宝”。

每天早上花20分钟浏览新闻标题

我每天早上都会花20分钟浏览新闻标题。遇到不懂的词，还要查一查它到底是什么意思。

近年来，商界冒出了许多闻所未闻的外来语和新词，比如“5G”“DX（数字化转型）”“GX（绿色转型）”，都是近5年来才进入公众视野的新概念。

想当年，遇到不熟悉的词可以查词典，可老词典又岂会收录5G、DX和GX这样的新词？在这方面，智能手机和电脑的优势就比较明显了。只要上网搜索一番，再新鲜的词语也能查个明白。

顺便一提，我查新词的时候总是双管齐下，既翻词典，又上网搜。

关键在于我们不能满足于通过翻词典或上网搜索查到意思。因为仅仅知道意思，并不等于这个词已经化作了你的血肉。

如果邻桌的同事问："哎，5G是什么意思啊？"而我能用浅显易懂的话语解释清楚："5G是一种新的通信标准，能够一次性传送大量的信息……"我才可以说这个概念我已经完全了解，变成了我认知中的一部分。

其实就算没人问我，我也会在脑海中演练一下万一有人问了我要怎么解释，这样有助于加深理解，巩固学习效果。

公司职员也要心怀创业家精神

据说越来越多的年轻人希望先上一段时间的班，丰富经验和技能，然后再自立门户去创业。

在70多年前，创办三兴工业的前董事长也是先在某大型钢铁制造企业工作了一段时间，然后才运用自身经验走上了创业之路。

尽管我从没有过独立创业的念头，但我在工作中一直都用创业家精神来要求自己。且不论旁人是怎么看的，反正我觉得自己算是比较有创业家精神的那种人。因为接到上司布置的任务后，我总会以自己的方式搞点发明创新，而不是随口应一句“好的”，满足于不动脑子完全照办的状态。

20世纪50年代与公司创始人（前董事长）并肩作战的

时候，发生过这么一件事。

当年还没有电脑，所以我负责的会计账簿和凭证全靠手写，计算则全靠算盘。针对每家客户开具销售收入、应收账款等凭证就不用说了，还需要核对每月的每一笔交易是否与账簿上的记录吻合。这项业务非常烦琐，而且很容易出错。

于是我想了个办法：买个风琴文件夹回来，把各类凭证塞进各家客户对应的格子里，每10天结算一次，而不是等月底一起统计。

之所以这么调整，是因为我觉得让操作流程变得更简单，就不容易出错了。

虽说独断专行并不可取，但客户对这一改动很是满意，夸道："三兴的请款单来得真快，给我们减轻了不少负担。"公司现在使用的财务系统也吸收了总务部职员的巧思，在结算日的第二天就能开出请款单。

从那时起，我便养成了一个习惯：想到了有意思的点子，就尽可能打磨一下，找领导提建议，即使领导并没有下达这方面的指示也一样。有时领导会说"这法子有点意思"，积极采纳，有时则是听过就算，没有下文。

反正我就是喜欢打磨自己的想法，无所谓领导的评价，所以就算点子没有被采纳，我也不会感到沮丧。

人生在世，不是仅有“上班”或“创业”这两个选择。没有勇气独立创业的人也可以在上班的同时发挥创业家精神，用创意推动各项业务的顺利开展。我觉得这也是一条通往事业成功的捷径。

你追求的是“升职”还是“晋级”

在我看来，公司职员大致可以分成两种类型。

一类是“升职”意愿比较强的人，希望从普通员工做起，然后慢慢升上组长，再到科长、部门经理……在论资排辈的过去，职员能在一定程度上按工龄升职。领导一般都是比自己年长的男性，大家都很关心同时期入职的人里第一个升职的是谁。工资也会在升职的过程中逐渐增加，这也是大家努力工作的动力之一。

但进入20世纪90年代以后，论资排辈的制度日渐崩塌，能否升职的决定性因素变成了业绩和成果。“只要工龄够长自然就能升上去”的日子一去不复返了。公司里有比自己年轻的领导或女领导也不再是什么稀奇事儿了。

另一类人对升职全无兴趣，潜心提升自己的专业技能。

有些公司设置了不同于“升职”的“晋级体系”，说白了就是按照公司内部的规定，根据员工的能力授予其相应的“职业能力资格”。能力越强，级数越高。

只要公司认可你掌握了更高的业务能力，你就可以晋级，无关年龄与性别。而且这种能力等级也是高层判断一个人能否升职的标准之一。

说到底，其实这两类人是有一定的相似之处的。

如果你对公司心怀不满，或是对今后要走的路产生了迷茫，不妨先琢磨一下自己到底属于哪一类，是更看重升职，还是更看重晋级。

前一阵子，有位年轻的女同事偷偷跑来咨询我：“我觉得自己已经很努力了，可总也升不上去。”而据我所知，她就是那种更看重晋级而非升职的类型。

于是我便问她：“你应该对自己的工作能力很有信心吧？”她果然不假思索地回答：“嗯，很有信心。”因此，我建议道：“那你不一定要追求升职这种形式的认可。尽管去提升自己的专业技能，把别人远远甩在身后就是了。要是在这个过程中得到了升职这样的奖励，就当是自己撞了大运呗。”我这话似乎说到了她的心坎里，她的表情顿时明亮了几分。

我也属于更注重提升专业性的类型。比起头衔与升职，我更想把自己专注的事做到极致。

在名为“公司”的组织中追求自己想做的事，并在此过程中切实体会到自身的成长。在我看来，世间至幸莫过于此。

我们公司每年都会给当年表现出色的员工颁发“杰出贡献奖”“优秀奖”和“新人奖”。评判标准是资历和业绩各占一半。在确定人选时一并考虑资历，就能防止对业绩的过度注重。如此一来，追求升职的人和注重晋级的人都能收获努力带来的硕果。

据说现在有很多年轻人对升职与晋级都不感兴趣。他们更注重工作与生活的平衡，希望在工作的同时享受兴趣爱好，过安稳的小日子，留出时间陪伴家人。

生活和工作方式因人而异是理所当然的，所以我觉得重视工作与生活的平衡也是一种可取的态度。

像过去经济高速增长期的“拼命三郎”那样牺牲自己

的生活和家庭，凡事以工作为先的做法确实已经不太符合当前的大环境了。要是到头来拼出个“过劳死”，那岂不是“赔了夫人又折兵”？

工作本该为充实日常生活、造福自己和家人而服务，而“过劳死”是不折不扣的本末倒置。

不过，通过升职获得更高的薪酬确实能让我们和家人过上更好的生活。通过晋级建立自信，也能让我们更加积极地投入工作，对生活和家庭也有一定的积极影响。从这个角度看，如果你仅仅因为注重工作与生活的平衡就完全放弃升职和晋级，用消极的态度面对工作，只知道默默处理领导布置下来的任务，把工作表现维持在一个不至于被解雇的水平上，那就太可惜了。

不难想象，随着人工智能和机器人的发展，围绕有限工作岗位的竞争将变得越来越激烈。到时候，公司将不再有这类人的容身之地。

哪怕上班时间是朝九晚五，那也意味着人生三分之一的时光是在公司里度过的，我们理应用有意义且积极向上的方式度过这段时间，而升职与晋级就是可以帮助我们实现这一点的动力之一。

用笑容为洽谈画上句号

无论初次见面的对象是公司内部的同事还是外部的客户，我都会在见面前尽可能多搜集一些背景信息。

普通人不比名流，在网上搜不到多少信息，但我们可以找周围的人打听一下，比如“这次入职的新人是什么情况呀”“明天要见的客户有什么需要留意的地方吗”等，在力所能及的范围做些功课。

《孙子兵法》有云：“知己知彼，百战不殆。”即便我们并不打算与人发生冲突，多掌握一些关于对方的信息总归没有坏处。

这种想要了解对方的态度，也会在不经意间被对方感知到。

人们常说，“人总会喜欢上喜欢自己的人。”见某人对自己感兴趣，你就会对他感兴趣，这种心理现象在现实生活中也很常见。

如果你的兴趣能勾起对方的兴趣，就算双方在探讨的事宜比较复杂困难，谈成的概率也会有所增加。可你要是“两手空空”，对对方一无所知，说不定对方也能隐约察觉到你全无准备。

换一个立场琢磨一下就明白了：如果对方“两手空空”地来见你，你肯定也能察觉到人家对你缺乏兴趣。

真正的交情，始于充分了解对方，并让对方充分了解你。做销售的人尤其要牢记这条铁律。

洽谈结束后，我一定会在临别时给对方送上一个微笑。“用笑容为洽谈画上句号”也是我的座右铭。

如果洽谈进行得很顺利，双方自然会面带微笑。即使谈得不尽如人意，我也会恭敬地说上一句“非常感谢您抽出时间前来，今天就先聊到这儿吧”，再以笑脸相送。

看到对方微笑，你就会下意识地露出笑容。人这种生物就是如此妙不可言。带着笑容分别便能留下好印象，不自觉地生出“想再见他一面”的想法。

要是真有第二次见面的机会，哪怕议题本身比较艰深，双方也更容易打破障碍，达成共识。

如果分别时绷着脸，忘记给对方一个微笑，恐怕就没有机会再见面了。我建议大家牢记“用笑容为洽谈画上句号”，这样就能以积极的心态告别对方，对下一次见面生出由衷的期待。

享受环境的变化

古人有云："没有人把新酒装在旧皮囊里，若是旧皮囊裂开，酒漏出来，皮囊也坏了。唯有把新酒装在新皮囊里，两样才能都得以保全。"

这个道理也适用于公司。新点子和新创意的充分运用，离不开合适的组织与环境。

现代社会的变化总是快速而迅猛的，而各行各业的领头羊都是那些在技术上不断创新，懂得发挥创造力的公司。

我觉得那些能够根据时代的要求创造新事物的公司都为年轻员工提供了大展拳脚的舞台。仅仅鼓励员工"多提新点子"是远远不够的，还得为年轻员工的活跃营造合适的环境。为此，公司有必要建立起一套能够吸收年轻员工想法的机制，或是多多提拔前途有望的年轻人，将权限下放给他们。

年轻员工的发展离不开领导的帮助，所以领导的作用也不容忽视。

我们公司原本以上门推销为主，但如今线上交易已经占到业务总量的70%左右，因此，公司每年都会投入大量资金强化网络业务。

由于线上交易的比重增加，销售部门的职责也发生了变化。除了像过去那样挖掘客户的需求（需要的螺丝型号及数量），销售人员还需要扮演顾问的角色，根据客户的业务选定合适的商品进行提案。

虽说创新成了当今时代的主基调，但有些东西是不能改变的。扪心自问："我在做的这件事有没有帮到别人？"竭诚为客户服务就是我们公司成立至今始终坚持的宗旨，不应该改变，也没有必要改变。

只要组织的宗旨始终如一，就应该大胆尝试新事物。因为无法灵活应对环境变化的公司和组织迟早会像恐龙那样走向灭亡。

以“帮助他人”的念头为动力

“我在做的这件事有没有帮到别人？”——在我看来，抱着这种信念开展工作的底层逻辑其实是“志愿者精神”。

看到这里，也许会有读者朋友纳闷：个人无偿奉献才叫志愿者活动，在公司里发挥志愿者精神算怎么回事啊？

其实，“志愿者”一词原本指代的是“自愿参与公益性活动的人”。“工作”或多或少都带有公益性。即便拿着工资，只要抱着“想要帮助别人”的志愿者精神投入工作，就能感受到极大的成就感和满足感，内心也会分外充实。

人虽有自私自利的一面，但心底深处总有利他的倾向，总有“想要帮到别人”的念头。

我觉得自己非常幸运，93岁了还能活跃在第一线，每天都能感受到“帮助别人”的成就感。这份成就感也是让我每天不懈努力的精神支柱，我对此感激不尽。

自从2020年被收录进吉尼斯世界纪录以来，常有人邀请我去社区发表演讲，给老年朋友们加油鼓劲。每次有幸得到这样的机会，我都会提一提志愿者精神的重要性。

“日子过得枯燥乏味”“整天无事可做”是很多老年朋友退休后的一大烦恼。其实，腿脚利索的老年朋友们完全可以在身边找一些能帮到别人的事情做一做，比如去家附近的公园打扫卫生、拔拔杂草等。咨询一下所在社区的相关部门，应该就能找到“组织”。

诺贝尔和平奖得主特蕾莎修女曾说过，“人最大的悲哀既不是疾病，也不是贫穷，而是不被需要与没有人爱。”

我坚信，无论是在工作中，还是在工作之外的其他活动中，帮助他人、持续挑战都能为我们的人生带来金钱买不到的成就感。

专栏

打造健康体魄，力争生龙活虎干到100岁 ②

雷打不动！每天早上练半小时瑜伽

我有每天早上练习瑜伽的习惯，已经坚持50多年了。当年我出于好奇，参加了公司所属的健康保险协会举办的培训课程，就此走上了瑜伽练习之路。

瑜伽有各种各样的流派。培训班教的是佐保田鹤治老师（他也是一位哲学家）创立的流派。

说来也巧，佐保田老师恰好是我认识的人（培训班的讲师是佐保田老师的徒弟）。可能与这层缘分有关，我练了一段时间后，就此一发不可收拾。

许多人误以为瑜伽就是灵活运用身体，做出各种堪比杂技的动作。其实瑜伽最关注的是呼吸法和冥想。

我都练了50多年瑜伽了，可还是只能做些伸展动作，摆不出高难度的姿势。但我相信，呼吸法和冥想足以让我享受到瑜伽的益处。

瑜伽的呼吸法并没有什么特别之处，十分简单。用鼻子深吸一口气，沉入丹田，再用嘴呼出。呼气时，要小口小口地连续呼出，别一下子吐光。最后，再想象用头顶屏住呼吸，据说这样有助于激活大脑。

驱动全身的能量都源于呼吸，所以调息也能为我们注入活力。

瑜伽的冥想有许多种方法，我实践的方法非常简单：以舒适的姿势盘腿坐在地上，保持背部挺直，轻轻闭上眼睛，然后进入冥想状态。如此一来，压力便会烟消云散。

呼吸法和冥想加起来练半个小时左右。练一练能让人身心舒畅，以愉快的心情投入一整天的工作，大家不妨一试。

第3章

磨炼沟通技巧

作为领导或前辈应带头打招呼

打招呼与打扫卫生一样，是需要我们坚持去做的小事之一，更是沟通的基础。

有些人一见客户就主动打招呼，跟同事打招呼却不那么积极。同事们轻松愉快地在早上互道“早上好”，在傍晚互道“明天见”，这才是职场应有的理想状态。

在同事之间可以欢快地互相问候的职场，规则感、集体归属感和适度的紧张感可以实现完美的融合，如此一来便能营造出“什么事都能畅所欲言”的良好氛围。

有了这样的大环境，大家便能在工作中互相启发，再加上一切趋于透明，大家也不会把新的想法和工作上的失误藏着掖着，信息共享起来自然顺畅。

经验丰富的领导甚至能通过打招呼的语气判断出下属

的状态。“今天声音听起来有气无力的，没休息好吗？”“是不是太忙了，累坏了啊？”

新冠疫情暴发后，戴着口罩上班已成为常态。为防止病毒传播，同事之间连话都要尽量少说。站在“打造舒心职场”的角度看，这样是很不好的，那时的我希望生活能早日恢复正常，盼着早日摘下口罩，与大家面对面交谈。

就算戴着口罩，也可以看着对方的眼睛，轻轻点头致意。要是能在这个时候轻声说一句“早上好”就更好了。

觉得同事们打招呼的积极性不高，身为领导或前辈就应该带头行动起来。

只要领导以身作则，打招呼的习惯就会自然而然地渗透到职场的各个角落。比起天天提醒下属“见人要打招呼”，领导自己每天精神饱满地与人打招呼的模样才更能立竿见影。要是领导平时都不太跟下属打招呼，再怎么说“有事随时来找我”都没有任何说服力。

只要领导坚持跟下属打招呼，下属就会觉得“领导很关心我”，进而生出信赖感。如此一来，他们便会更积极主动地找领导“报联商”。

在职场对话中加入问候语

我会有意识地把职场上的日常对话和问候语结合起来，这是我刚踏入社会时就养成的习惯。

我特别重视一大早刚见面时的问候。假设直属领导昨天让我处理一份文件，今天一早要给他送去。在汇报“文件准备好了”之前，我一定会看着领导的眼睛加一句“早上好”。这个小习惯有助于舒缓对方的情绪，让沟通变得更加顺畅。

有人看着你的眼睛打招呼，大部分人都会给予回应。如此一来，便能自然而然地建立起良好的沟通关系。

领导一大早就对着电脑忙得不可开交，如果你只说“您要的文件做好了”，领导八成只会回一句“谢谢”，双方也不会有进一步的交流。

在这种状态下，领导的注意力肯定都放在手头的工作上，需要过上好一阵子才有空闲看你提交的文件。但你只需要在提交文件时加一句“早上好”，便能激发出某种化学反应。

即便你的领导一大早就忙到飞起，没有闲心想别的，但听到下属道“早上好”的时候也会下意识地将视线从电脑屏幕上移开，抬起头来与你进行眼神交流，做出走心的回应：“早！是昨天让你弄的文件吧，谢谢你这么快就搞定了。”

一早便紧张忙碌起来的领导也能通过简单的问候停下手头的事情，喘上一口气。而且这样的对话能让领导将注意力转向你提交的文件，加速相关工作的推进。

养成打招呼的习惯不仅有助于对方，对我们自己也有积极的影响。

互相问候时，双方都会心头一暖。想必读者朋友们都有亲身体会。

据说科学家找到了这种感觉背后的科学依据。沟通与接触能促使人体分泌“催产素”。这种激素也叫“幸福激素”，它有助于缓解日常压力。当人体大量分泌催产素时，信任关系便会有所加深。

因此我认为，我们不光要在跟领导汇报时加上问候语，和其他同事沟通时也不能偷懒。

提升沟通效果的两个步骤

“说”和“听”是公司职员必备的重要技能。

“了解对方的需求和不满”是各项工作的起点。以易于理解的方式抛出你的提案也同样重要。

提炼总结自己的想法和想要表达的观点也是一项职场必备的能力。如果你乱说一通，不得要领，领导或同事可能不予理会。

如果你觉得在脑海中总结提纲有点困难，那就不要偷懒，把要点写出来备用。不需要长篇大论，列出关键点即可。

在这个环节，我们还可以试着调整一下各个要点的次序，琢磨琢磨用什么样的顺序表达能实现最佳的传达效果。如此打磨出来的提纲定能在实际沟通时发挥出“剧本”的作用。

只要前期准备足够充分，沟通起来自然胸有成竹。

提升沟通效果有两个步骤。

- 逐条列举谈话要点。
- 调整顺序，以实现最佳传达效果。

沟通的效果在很大程度上取决于前期准备。如果你在对话时足够自信，对方就很容易进入倾听的状态，心想：“这个人肯定能说出一些有料的东西。”擅长吸引听众的政客演讲时，不都会摆出一副成竹在胸、自信满满的样子吗？

看起来缺乏自信的人说出来的话，就很难被人听进去。缺乏自信也许并非是性格所致，而是内容没有提炼总结到位的结果。

就算一个人不善言辞，性格内向，只要能提前明确自己要说什么、用什么顺序说，就能带着一定程度的自信投入对话，不至于太过焦虑。

“说什么”固然重要，但“怎么说”同样很重要。

心理学实验的结果显示，语言信息（说什么）在沟通中的影响度不过7%。虽然我并不认为“说什么”的影响度真的只有7%，不过好的内容要是没能传达到位，那就太可惜了。

我总结了以下4个“怎么说”的要点。

1. 声音要响亮，语气要明快，语速要慢

当对自己说的东西没有信心时，人的声音往往会很轻，语气会比较轻飘、虚弱，语速也会偏快。所以跟别人沟通时，自信必不可少，声音要清晰响亮，语气要明朗欢快，语速则要放慢。只要你觉得自己要传达的东西非常重要，一心想要让对方听进去，就能自然而然地做到上述三点。

2. 说话时要看着对方的眼睛

人们常说“眼睛是心灵的窗户”，我们甚至可以单靠眼神传达心中的想法。只要与对方保持眼神交流，对方就会认真倾听，以免错过你的发言。

3. 结合明显的手势动作

手势动作等非语言信息也能在很大程度上影响对方。我们可以用大幅度的动作吸引对方的注意力，勾起对方的

兴趣。

张开双臂就是一种很有效的姿势。不过请大家注意，做这个姿势时千万不要握拳，否则看起来就像拳击手的临战姿势，显得很有攻击性，在这种状态下，对方肯定无法放松下来。请大家打开手掌，敞开胸膛，帮助对方放松心情。

4. 记得微笑

千万别忘了全程面带微笑。

谁会对一个面带微笑与自己说话的人产生负面印象呢？对你的印象好了，你说出来的话自然就更容易被听进去。

每一个会说话的人都善于倾听

"听、说、读、写"是学习英语时绕不过去的4项基本技能。其中,"听"是所有技能的基础。小朋友的语言学习也是从聆听父母说话开始的。

说话的基础就是倾听。每一个会说话的人都善于倾听。

只要你仔细聆听,并用心观察对方,就能收获许多有助于提升沟通效果的线索。善于倾听的人通常能收集到更多的信息,这也有助于充实其发言内容。

在我看来,善于倾听的人必须做到以下4点。

1. 不插话抢嘴

该听的时候好好听。如果是在聚餐时闲聊,你插一句、我插一句倒也无伤大雅,但在商务场合,插话抢嘴就成了大忌。对方发言时，一定要闭上嘴巴，专心聆听，千万不要随便插嘴打断人家。

2. 记得适时回应

在别人说到一半的时候插嘴固然是不可取的，可要是全程一言不发，面无表情地听着，对方会担心你没有把他说的话听进去。因此，大家可以默默点头，或是适时回应一下（比如“对”“是的”），如此一来，对方就能顺畅地把话说完。当然，点头或回应的时候也要看着对方的眼睛。

3. 身体稍稍前倾

靠着椅背听人说话，肯定无法给对方留下好印象。而且坐姿不佳会导致呼吸变浅，影响大脑运转，让你错过重要的信息。因此，聆听时一定要背部挺直，胸部打开，确保呼吸深而平静。

对谈话内容感兴趣的时候，人会不自觉地身体前倾，仿佛被对方的无形磁力所吸引。如果你在不知不觉中向前倾了，那就说明对方说的话让你很感兴趣。就算兴趣不大，我们也可以有意识地将身体前倾。如此一来，对方就会觉得“他对我说的东西很感兴趣”，交流自然会更顺畅。

4. 必要时做笔记

对方的发言要点和你不想忘记的部分要及时记录下来，千万别偷懒。

“做笔记”这个动作能让对方直接感受到“你正在专注聆听”。这也是聆听者能对说话者释放的最积极的信息。要是对方说的每一个字都很重要，不妨用录音笔或智能手机录下来。

对“报联商”予以回应

“报联商（报告、联络、商谈）”的重要性已无须赘述。这个词是山种证券（SMBC日兴证券的前身）的前社长山崎富治先生发明的，很快便火遍了日本商界。

为确保各项业务在组织中顺利推进，我们需要激活沟通，提升企业内部的透明度。而“报联商”就是实现这一目标的关键。

我认为在各种“报联商”中，最重要的莫过于确认工作目的与截止期限。因为只有先明确这两点，才能根据优先级决定各个环节要如何推进。万一在处理工作的过程中产生了疑问，或是出现了无法按期交付的可能，就应尽快找领导或其他相关同事“报联商”。这不仅有助于上下级之间的纵向沟通，更有助于促进团队之间的横向沟通。

为此，我建议大家将工作内容、进度、问题和结果等关键信息记录在日程本、电脑或手机上。因为这样的备忘录就是“报联商”的基础。

公司会向刚入职的新员工反复强调“报联商”的重要性，所以新人往往愿意听取前辈的建议，勤加记录。

可惜随着工作经验的积累，有些人就懒得“报联商”，懒得记录了。

我直到现在都有勤做笔记的习惯，再小的细节都不放过，也从不在“报联商”上偷懒。93岁的我，仍将“不忘初心”四字牢记在心。

很多人误以为“报联商”只有“下属/新人→领导/前辈”这一种方向。但在我看来，“报联商”不应该是一条单行道。下属找领导“报联商”的时候，领导也应该予以回应。比如下属找我“报联商”时，无论我有多忙，我都会抬头看着他们，认真听取汇报。然后说一句：“谢谢你这么忙还抽空来汇报，后续工作也拜托你了。”下属如期完成了我布置的任务，我也会及时道谢，慰劳一句：“多亏你赶上了，累坏了吧？多谢啦！”

如果领导没有对“报联商”给出回应，下属甚至可以问一问“您看我完成得还行吗”，以这种形式敦促领导开口。

下属及时“报联商”，领导也及时回应，组织内的沟通就会变得更加积极活跃。如此一来，公司内部的透明度就能有质的提升，高效的运转与更出色的业绩便指日可待。

商谈无关职级与资历

在各种“报联商”中，找领导或前辈商谈的重要度首屈一指。

商谈的内容涉及方方面面。也许是自己拍不了板，得找领导拿主意。也许是请领导出谋划策，以便解决工作中的难题。最简单的一种情况就是，向领导或前辈请教自己不知道或不了解的事情。

老话说得好，“问乃一时之耻，不问乃一世之耻”。再难为情，也得把问题弄清楚，否则就会影响到手头的工作，甚至发展成“一世之耻”。

商谈之前，请大家务必整理一下思路，把“知道的”和“不知道的”，以及“懂的”和“不懂的”分清楚。

很多人没把这些分清楚，就急急忙忙找上了领导，结果适得其反。

不懂装懂，无异于搬起石头砸自己的脚。在工作中遇到了不懂的事情，不搞清楚就无法推进，那就一定要虚心请教，千万别在这种小事上打肿脸充胖子。

找领导或前辈问一问，不仅有助于消除疑虑，更有助于促进沟通。对方也会产生“被人仰仗”的感觉，心里暖洋洋的，在这种状态下进行沟通便能事半功倍。还记得50多年前，我刚当上科长的时候，有个下属对我说：“听说玉置科长对公司各方面的情况都了如指掌，问什么都能答出来，所以我想找您请教请教……”我听了别提有多高兴了。

商谈其实是“学习”的一种形式，无关职级与资历，当然也无关性别。而且商谈并不是单向的（下属→领导），领导找下属商谈也完全没有问题。

我要是在使用电脑时遇到了问题，也会向工位离得近的年轻人求助（“能不能帮我一下？”）。在工作中遇到小问题的时候，我也会找后生帮忙。如果我求助的对象也搞不定，人家也会说一句“我去找个懂行的问问”，有时甚至会从其他部门找人过来帮忙解决。

痛痛快快求助比自己小70多岁的人，也算是我的处世技巧吧。

关键时刻开得了口，也是因为我平时就经常跟同事们沟通。如果没有打好基础，真遇到了问题也很难迈出第一步。

如果对方看起来很忙，你也可以道一句“不好意思啊，这么忙还来打扰，我去问问别人好了”，然后再找别人问，直到找到最合适的帮手。

把“对不起”换成“谢谢你”

消极思维（只关注事情不好的一面）一旦成了习惯，连行为都会变得消极。久而久之，人就不愿意接受新事物与新的挑战了，因为极力避免小失败成了自己的头等大事。

我一直要求自己多想想事情好的一面。因为我相信，积极思维可以让我不惧小挫折，以积极向上的心态挑战工作上的难关。

问题是，要如何将消极思维转化为积极思维呢？最简单的方法莫过于把“对不起”换成“谢谢你”。

“对不起”本就是一个消极的表达，成天挂在嘴边，就会在不知不觉中陷入消极思维。而“谢谢你”自带积极光环，说得多了，就能不自觉地形成积极思维。

假设有人帮你按住了电梯的开门键，方便你上电梯。遇到这种情况时，大家的第一反应肯定是说“对不起”或“不好意思”吧？照理说，这本不是需要道歉的情况。我们更应该做的是向帮忙按住电梯开门键的人道谢。

一边说着“对不起”，一边走进电梯时，大家不妨观察一下帮忙按键的人。人家十有八九只会默默点头。可你要是说上一句“谢谢你”呢？对方肯定会微微一笑。

在日常生活中，我们常会下意识地在该说“谢谢”的时候道歉。

除去必须道歉的场合，大部分“对不起”都可以换成“谢谢你”。

大家不妨在早上出门时跟自己约法三章，权当是玩个小游戏：“今天不说‘对不起’，回家前一律只说‘谢谢你’！”——这个小小的挑战，也许会成为化消极思维为积极思维的契机。

避免说教、追忆往昔与自我吹嘘

领导和前辈倾听年轻员工的意见时，应该多用“心”，而不是光用耳朵。

年轻员工难免会对公司和工作发表五花八门的想法。如果你用耳朵去听，也许会下意识地摆出老资历的架子，浇人家一盆冷水：“少做梦了，这是不可能实现的。”但要是用心去听，年轻人的发言就会深深烙印在你心中，让你不由得想：“我想帮那个慷慨陈词的年轻人圆梦。”

当然，在勾勒宏伟的蓝图之前，我们得先认清现实，明确现在的自己能做到什么。平时就要在认清现实的基础上发奋努力，否则等机会真的来了，你也无法牢牢把握。

身为领导或前辈要尽可能避免说教、追忆往昔与自我吹嘘。很多领导与前辈一有机会与年轻员工交流，就大肆宣传自己年轻时的光辉事迹。这可能是因为旁人无法核实真伪，所以他们可以尽情地“艺术加工”吧。

随着年龄的增长，人难免会变得健忘（以前的事情倒是记得很清楚）。明明已经讲过了，他们却不记得了，于是就很容易翻来覆去讲同一件事。第一次听的时候，年轻人兴许还会由衷佩服，暗暗感叹“前辈可真厉害”。然而光辉事迹再精彩，听得多了也会腻烦。我一不留神也会犯这毛病，所以平时不太提旧事，除非有年轻人主动问起。

领导与前辈有时也会聊起自己很久以前的失败经历。不过请大家注意，分享这类往事的时候，结尾一定要有升华，不能让话题止步于失败。

虽然一开始栽了跟头，但后来想方设法弥补，最后取得了成功——在我看来，只有把失败的经历升华到这个地步，才能在公开场合分享。因为以失败告终的经历是彻头彻尾的笑话，听者无法从中得到启示。

永远心怀激情

2003年，阪神老虎队时隔18年捧起了中央联赛冠军奖杯。那是星野仙一就任总教练，喊出“我们想赢”这一口号的第二年。他在队伍夺冠时发表的感言，给我留下了深刻的印象。

“我想再贪心一点。队员们还没使出全力。我想再贪心一点！”这是我记录下来的版本，可能与星野教练的实际发言略有出入。

作为土生土长的大阪人，我是个十足的阪神队球迷。50岁之前，我经常在下班后跑去甲子园体育场为球队呐喊助威。可也不知是怎么回事，我们家除了我，竟然是清一色的巨人队球迷。看来也不是每个关西人都会支持本地的球队。

在被巨人队球迷包围的家中，我总有种抬不起头的感觉。看到阪神球队18年来首次捧杯，我的高兴自然是溢于言表，只觉得多年的郁闷瞬间清空。

我只是一个普通球迷，球员和教练的欣喜肯定是我的好几百倍。星野教练却不满足于现状，用上面那句话诠释了他的一腔热血与激情。

在那般不胜欢喜的时刻，他依然没有忘记“往上看”。这种态度深深震撼了我。而且阪神队不比巨人队和现在的软银队，夺冠次数屈指可数。正因为他是这样一支球队的教练，他的话语才会让我深受触动。

棒球又岂是特例。无论处境如何，都永远心怀激情的人，必然会像星野教练那样打动身边的无数人。

公司职员也不例外。那些对工作充满热情，并且能直截了当地表达自己雄心壮志的人，定能得到大家的大力支持，与周围人的沟通自然也更顺畅。

专栏

打造健康体魄，力争生龙活虎干到100岁 ③

诵读《般若心经》

每天早上练完瑜伽冥想后，我都会诵读一番《般若心经》。

这个法子不是别人教的，是我自己想出来的。在我看来，瑜伽冥想和《般若心经》有不少相通之处。我也不清楚瑜伽和《般若心经》有怎样的关联，不过两者都起源于印度，也许真有千丝万缕的联系。

冥想的关键在于平静心绪，使自己心无杂念。而《般若心经》主张一切皆空。在我看来，两者的中心思想几乎是一样的。

《般若心经》的念法是我在黄檗宗万福寺学的。我们公司有去禅寺进修培训的传统，我已经参加20多年了。

据说《般若心经》有很多种念法，不过我用惯了培训时学到的那种。语速比较慢，念完全篇需要10分钟左右。

放慢语速有助于加深呼吸。在这个过程中，我会有种能量逐渐涌入身体各个角落的感觉。

常有人感叹，“亏你能坚持练瑜伽和诵读《般若心经》那么多年。”练一练瑜伽，诵读一下《般若心经》，整个人都会舒服很多，心境也能平静下来。如此一来，就能神清气爽地开启新的一天了。

练瑜伽、念《般若心经》对我来说都是无上的享受，自然而然就坚持了下来。一旦养成习惯，偷一天懒都会浑身不舒服。

难怪我天天练、年年练都不觉得腻。

第4章

助力成长的小习惯

稳步迈进，更上一层楼

“从不安于现状，为更上一层楼不懈挑战”是三兴工业企业文化的重要组成部分。

我们社长就一直在实践这句话。为了改进发货管理系统，他与系统工程师通力合作，创建了一套独门系统，还申请了专利。

大领导带头创新改进，员工们自然是有样学样，时刻扪心自问“还有没有地方可以改进呢”。之前多次提到的TQC就成了我们实践这种企业文化的平台。

三兴工业是一家贸易公司，基本的业务流程就是接收供应商制造的产品，再发送给我们的客户。

在社长创建的发货管理系统中，产品接收这一环节的管理程序是负责相关业务的员工与长久以来的合作伙伴

OCC[1]平台一起设计开发的，已经用了许多年了。

为了提升系统的便捷性，熟悉一线情况的员工们仍在不断改良，所以系统仍在不断进化的过程中。

我认为目标不用定得太高，不要奢望一下子上两三层楼。如果设定的目标太高，尝试了一下却没有成功，就很容易自我暗示“果然没戏”，进而早早放弃。失败会在我们心中刻下烙印，消磨再次挑战的动力。

因此，比现有水平高“一层楼”的状态，才是更契合自身能力的理想目标。

走楼梯就应该一步一个台阶。不懈追求“更上一层楼”，就会在不知不觉中站上比现在高两三层的位置。一步跨两三个台阶，搞不好就会摔倒在地，吃大苦头。

说到这里，我想起了平安时代的书法家小野道风被一只试图跳上柳条的青蛙鼓舞的逸事。第一次听说这个故

① OpenCascade，用于开发二维和三维几何建模的应用程序。

事，是在学校的品德课上。没想到为日式书法奠定基础的小野道风也有过因怀疑自己的才能而受困扰的日子。

有一天，小野道风冒雨出门散步。走到半路，他看见一只青蛙想要跳上一根垂下的柳条，可惜屡试屡败。但青蛙没有放弃，终于抓住了风将柳条吹近自己的机会，跳了上去。这一幕让小野道风重新鼓起了勇气，决意向更高的目标迈进。

那只青蛙之所以能跳上柳条，也是因为那根柳条垂得足够低。它要是妄想跳上更高处的柳条，十有八九会以失败告终。

只有稳步迈进，才能更上一层楼。

与身边的人分享你的成功经验

在更上一层楼的挑战中取得了小小的成功后，别忘了和身边的人分享一下。

想要夸耀自己的成功确实是人之常情，但我们有时也会隐瞒自己的成功，以保持自身的优势地位，将竞争对手远远甩在身后。但我还是建议大家公开自己的成功经验，毫无保留地与身边的人分享。

俗话说得好，“三个臭皮匠，顶个诸葛亮”。与其独自默默努力，不如与团队伙伴共享信息与经验，如此一来，便能在更短的时间内达成目标。

在分享成功经验的过程中，我们也会收获更多的创意与想法，比如“这个地方这么改可能会更好”，“这么弄说不定能提高业务效率”。这种协同效应对我们自己也是有百利而无一害。

如果你的格局足够大，希望让整个行业都发展得更好，那就不必因为同行模仿自己而心生怨怼。

举个例子，我们公司早在1982年就为物流中心配备了立体自动仓库系统，即统一管理货物接收、储存和发送工作的无人系统，开了业界的先河。

见我们的系统大获成功，同行们纷纷跟进。“看来自动仓库系统是真的方便，要不然大家怎么会争相模仿呢？”——业内的动向也让我们这个“先驱”深刻认识到了自动仓库系统的先进性与重要性。

尽管我们公开了自家的成功经验，引得竞争对手争相模仿，但我们并没有止步于此。正因为三兴工业在不断进步，力争更上一层楼，才不介意被模仿。

事实上，我们公司在1992年实现了基于条码系统的自动仓库。2007年又新建了托盘式自动仓库。

同样的道理也适用于个人。小小的成功被对手借鉴了又如何？你完全可以大方一点，告诉自己“反正我会更上一层楼，随你们模仿好了”。

表扬能加快成长的速度

制订小目标是成长的第一步。

无论目标有多小，达成的那一刻终究是令人欣喜的。而这份欣喜能为你注入自信心，激励你去实现下一个目标。这样的良性循环就能帮助你逐渐成长。

而领导和前辈的表扬，能进一步加快我们成长的速度。

谁不爱听赞美和表扬呢？做领导的就应该每天观察下属努力的模样。当他们的努力转化成明显的成果时，一定要在口头上表扬他们。因为这样可以有效激励下属，提升其工作的积极性。

想在任何事情上取得切实可见的成果，都需要付出一定的努力。如果领导不仅表扬结果，还表扬努力的过程，例如“我知道你很努力，总是第一个到公司”，那么下属定会感叹“原来领导这么关注我啊”，喜不自禁。

我侄女的经历就是一个很好的例子。她上初高中时成绩不是很理想，甚至在高中的英语考试里考出过零分。我当年虽不是尖子生，却也从没吃过“鸭蛋”。

老师在批改那次英语考试的答卷时，仔细看了看那张几乎空白的答卷，居然隐约瞧出了某种图案。

怎么回事？老师把答卷翻过来一看，这才发现我侄女用铅笔在答卷背后给老师画了一幅人像速写。大概是她完全看不懂考题，所以只能画画打发时间。

据说侄女画得特别好，连老师都不由得惊呼“我哪有这么帅啊”，并且表扬了她一番。不过老师最后还是苦口婆心地教育她：“有闲工夫画画，为什么不多做两道题呢？”谁知我侄女竟如此回答：“老师的工作不就是把我教会吗？我做不出来，还不是因为您教得不好吗？”

虽说她当时用如此荒唐的借口反驳了老师，但“画技得到表扬”这件事让她出现了明显的转变。

多亏老师让她品尝到了“被人表扬的快乐”，她从此一反常态，开始认真学习，最后以还算过得去的成绩从高中毕业，并且考上了大学（老师建议她上美术学校，但她还是选择了一所普通的四年制大学），顺利踏入社会。

“为了得到表扬而努力”叫作外在动机，因为激励你的是自身以外的外部因素。“为了涨工资而努力工作”也是外在动机所激发的行为。

起初靠外在动机激励自己并无不可。等外在动机转化成了内在动机，就更容易长期坚持了。

内在动机源于我们的内心，而非外因。行动的原动力是发自内心的意愿，比如“我做这件事是因为我想做”“我做这件事是因为我喜欢”等，都属于内在动机。

抱着“志愿者精神”投入工作（详见P73）就是“因为我想做”“因为我喜欢”这样的内在动机所激发的行为。

最初的动机是外在的也无妨，“因为想得到表扬，所以不懈努力”。只要能随着时间的推移逐渐体会到工作和学习的乐趣，将外在动机转化成内在动机，便能进入持久的成长轨道。

觉得工资太少时，就意味着成长的机会来了

都是一份工作，那当然是工资越高越好——有这种想法可谓是人之常情。

听说很多学生择业时的首要标准就是薪酬。“对薪酬不满”也是跳槽的重要诱因之一，为了更高的工资毅然跳槽的人不在少数。

我当年是因为人与人之间的机缘才入职了三兴工业，倒不是被工资待遇吸引来的。不过我从没有过“公司开给我的工资太低”这样的念头。我们公司有一套我个人也很认可的人事考评制度，我相信大家都享受到了与工作表现相符的工资。

如果你觉得自己拿的工资太少，不妨在抱怨公司或

草率跳槽之前扪心自问："我是不是也有做得不够好的地方？"当然，工资过低且工作时间极长、压迫员工完成指标的"黑心企业"不在我们的讨论范围之内。

普通的公司职员一般都拿固定工资，具体金额视职位、年龄、工龄和对公司的贡献度而定。虽说加班能拿到一定的加班费，但正式员工终究不是按小时计酬的小时工，最后得到的报酬不一定与工作时间成正比。更何况，"工作方式改革"已成为当下的职场趋势，长时间加班本就不是值得称道的事情。

如果你觉得公司没有对你的工作表现给予公正的评价，开的工资也很低，何不摆正心态积极面对，将现状看作成长的机遇呢？

工资低，可能是因为你以为自己已经做到位了，但领导觉得还远远不够。也可能是你自以为已经尽力了，但站在客观角度看，可能还有提升的空间。

还有哪里做得不到位？在哪方面发力，才能提高工作的质量？我建议大家像这样琢磨琢磨，以自己的方式反复试错。就算你没能在试错的过程中取得什么成就，工资也没能如愿上涨，坚持挑战个一两年，旁人对你的评价也会大不一样，而他们的欣赏完全有可能为日后的涨薪打下基础。

如果你因为对薪酬不满产生了跳槽的念头，不如先按我说的挑战一下，然后再做打算也不迟。

阅读是最简便易行的终身学习

我很注重自发性的终身学习。我素来认为，人的进步是永无止境的。公司业务的改善永远都没有尽头，而人也是越磨砺越耀眼。

因为大环境无时无刻不在变化，没有持续学习的态度，就很有可能随着年龄的增长而掉队，无论是在工作中还是在个人生活中都一样。

最简便易行的终身学习是阅读。

我从小就喜欢看书，至今保持着每月看上几本书的习惯。家里就我和妹妹两个人，藏书却有300多本。通过阅读，我汲取了作者在字里行间传递的智慧。

我喜欢小说和纪实类作品，但也常看经管类书籍，最经典的那些基本都看过，比如史蒂芬·柯维（Stephen

R. Covey）的《高效能人士的七个习惯》（*The 7 Habits of Highly Effective People*）。

除此之外，我还订阅了《经济学人》（*The Economist*），而且每天早上都浏览报纸。这是为了关注社会大环境的趋势，把握中美两国的动向，因为这两个国家对日本经济的影响力很大。

有些朋友一听说我订阅了经济方面的杂志便问："泰子，你是在炒股吗？"殊不知我没有任何投资经验。

我平时过得比较节俭，但在阅读方面毫不吝啬。

我这些年看的都是纸质书籍和杂志，不过现在有了更便于携带的电子书，通勤的时候也能见缝插针看两页。而且电子书不占地方，据说还可以搜索关键词，有机会的话，我还真想尝试一下。

只要你愿意通过阅读终身学习，有的是便捷的工具供你选择。如此优越的条件，岂能不好好利用起来？

拓展公司外的人脉网

40—70岁，我参加了公司外部的好几个社团。这既是为了终身学习，也是为了增进所谓的跨界交流。

一直待在公司里，每天都跟同一群人打交道，思维就会在不知不觉中变得局限，一不留神就成了“不识沧海的井底之蛙”。有意识地与外部人员交流互动，便能借机拓展知识面与视野，同时构筑起强大的人脉网。

在我当年参加的社团里，最有趣的一个是某小型出版社的社长主办的，三兴工业的现任董事长把我介绍了进去。

那位出版社社长人脉很广，经常组织我们与各界名流聚餐。多亏了他，我的眼界开阔了不少。

与科幻作家眉村卓老师的交流给我留下了尤其深刻的

印象。他也是土生土长的大阪人，有许多作品都被改编成了电影。受他的影响，我看起了原来没什么兴趣的科幻小说，大大拓宽了阅读范围。可惜他在2019年永远离开了我们。

万万没想到，因外部社团拓宽的人脉网与阅读面在工作中帮了我的大忙。

跟大家分享一下我们公司第一次操刀制作招新宣传册的事吧。这类宣传册原来都是外包给瑞可利（Recruit）、迈那比（Mynavi）等人力资源服务公司制作的，但公司想要更直接地传达对招新的热情，所以决定自行制作宣传册，而我便成了这项工作的负责人。

于是我联系了通过外部社团结识的摄影师和设计师，委托他们负责拍照和设计方面的工作。宣传册的内文和视频的脚本构思，我也参与了一小部分，这都得力于我这些年除了经管类书籍，还看了不少小说与纪实文学。我可以很自豪地说，那些书都没白看。

在公司内外组建专属智囊团

据说奢侈品牌香奈儿的创始人可可·香奈儿（Coco Chanel）曾说过这样一句话："我不打造时尚，我就是时尚。"话语中透着满满的自信，这也是因为她既有过人的才华，又有充沛的能量，才能开拓出一条属于自己的成功之道。

至于我这种普普通通的人，就需要依靠通过公司内外的人脉网获取的信息了。在我看来，成长迅速的公司职员都有一个共同点，那就是沟通能力强，在公司内外都构筑起了强大的人脉网。

优秀的政客与企业经营者都离不开优秀的智囊团。在公司内外构筑人脉网，就等于是为自己组建了一支专属智囊团。

要实现这一目标，就需要先让别人觉得“我想和这个人打交道，因为他值得信赖”。

那怎样才能让人觉得你值得信赖呢？我归纳出了以下4个要点。

1. 不说别人的坏话

谁愿意和经常说别人坏话的人为伍？说坏话会让人陷入消极思维，吓跑好运气（详见P126）。

2. 信守承诺

说话算话、信守承诺也很重要。如果一个人经常迟到，或者忘记答应过别人的事情，就会失去他人的信任。反过来说，无法履行的承诺本就不该说出口。

建立信任关系需要一定的时间，但失去信任只需要短短一瞬间。而且重新赢得已崩塌的信任关系绝非易事。

3. 为他人的成功感到高兴

为他人的成功感到高兴，而不是嫉妒眼红，是一种难能可贵的品质。看到和自己有竞争关系的同事取得好成绩时，确实很难发自内心地为他高兴，这也是人之常情。但遇到这种情况时，我更希望大家想一想“我应该怎么做才能让人家更开心”。我认为答案之一，就是发自内心地为他人的成功感到高兴。

4. 乐于助人

最后，希望大家可以向遇到困难的人伸出援手。只要你心怀志愿者精神，愿意做一些事情来帮助别人，等你遇到困难的时候，就一定会有人拉你一把。

其实这4条都是有助于提升人望的行为。有了人望，便能形成以你为中心的小圈子。

三人行，必有我师

“我以外皆我师。”——不知道大家有没有听说过这句话？这是留下了《宫本武藏》《三国》等名作的小说家吉川英治老师的名言。

如果你将周围的每个人都看作自己的老师，司空见惯的日常生活中就会充满发现与启示。值得尊敬的领导与前辈自不用说，其他同事与亲朋好友也能成为你的老师。

只要你时刻不忘“向身边的人学习”的态度，哪怕是反面教材，都能带给你些许收获（“我可不能像他那样，以后要多加小心”）。

正所谓人各有所长，他人的优点当然值得学习。至于他人的缺点，我们也可以视其为反面教材，以警醒自己。

我们总务部以前有位工作能力很强的同事，但他有个不太好的习惯，喜欢盘腿坐在椅子上办公。这样的坐姿终究不太美观，周围的同事们都有点看不下去。我则当起了和事佬，劝大家道："有什么关系嘛，你不这么坐就是了。况且他并没有因这么坐而影响工作。"

上班时盘腿坐在椅子上确实不是那么赏心悦目，但只要心怀"我以外皆我师"的精神，你就能以人为鉴，借机反思："我的坐姿或姿势没有让人觉得不舒服吧？"

除了坐姿不佳的同事，还有坐车不讲文明的人、在餐馆里大声喧哗的人、犯路怒症的人……环顾四周，便不难发现我们身边到处都能看到"反面教材"。

遇到这种人确实很不愉快，但你可以换个角度告诉自己："我能从这些反面教材中学到点东西。"如此一来，心态也许就不一样了。

说坏话会把好运吓跑

如前所述，用积极思维面对人生是我的一贯方针。因为这种思维能让我变得开朗而积极。就算栽了跟头，我也会在反思之余鼓励自己“明天一定会更好”。人在这种状态下更容易走上成长的轨道。

消极思维则容易让人陷入负面情绪，“即使再努力也没用”“明天搞不好更难熬”，就连原本能轻松办成的事情，也会心生疑虑。

我在前文中介绍了一个变消极思维为积极思维的方法——不说“对不起”，改说“谢谢你”。除此之外，下面的方法也值得一试。

在人际交往中关注对方的优点。

每个人都有优点和缺点。世上没有浑身都是优点的人，也没有一无是处的人。我们应该尽可能多地关注别人的优点，这样有助于培养积极思维。缺点则可以用作反面教材，提醒自己。

当面夸奖对方的优点当然没问题，在与同事闲聊时提一句“某某的笑容总是那么和煦，看着就很舒服”，也是个好法子。要是当事人间接听说“泰子前辈夸你了呢”，肯定会很开心。这叫“背后夸人”。

背后说人坏话可不是好习惯，但“背后夸人”能收获奇效。

做事慢吞吞、总是卡点交差、不擅长团队协作、打扫卫生时马虎偷懒……如果你总关注这些缺点，动不动就对他人做出负面的评价，你终有一天会为此付出代价。因为这些坏话的第一个听众不是别人，正是你自己。

请大家牢记，说坏话会把好运吓跑。

“对照他人的缺点自我反省”的态度也是培养积极思维的契机。我们可以把他人的缺点看成是优点，例如“她的性子是慢了些，但在忙碌的时候看到她的笑脸，心里总会暖洋洋的”，如此一来，便更容易形成积极思维。

对自己也可以采取同样的思路，将优点发扬光大，将短处变成长处。

干活慢→稳重细致

爱操心→为人谨慎

没常性→好奇心强

我们可以像这样提取出隐藏在缺点中的积极元素，努力将其转化成优点。

专栏

打造健康体魄，力争生龙活虎干到100岁 ④

牢记“BMW”，锻炼腿脚

工作日的早上，我都是先练瑜伽，再念《般若心经》，用完早餐出门时一般是早上7点30分。通勤全靠“BMW”，单程大约需要1小时。

我的“BMW”可不是德系豪车“宝马”哦，我都没有驾驶执照。

“B=公交车（Bus）”“M=地铁（Metro）”“W=步行（Walk）”，合起来就成了“BMW”。

我和妹妹住在大阪府北部的丰中市。出门后，我要先坐公交车去地铁站。公交站离我家很近，坐公交车去地铁站大约需要20分钟。再乘坐20分钟地铁后，就可抵达离我们公司最近的本町站，再步行五六分钟即可到公司。

这就是我每天都要体验的“BMW”。下班回家则是倒过来的“WMB”。每天上下班路上就能走6000多步。

公交车有时会有空位，但早高峰的地铁比较拥挤，经常得一路站过去。我觉得日常通勤的运动量也为我的健康做了不少贡献。

都说“衰老始于腿脚”。腿脚不利索，恐怕就很难继续工作了。多亏工作日往返2小时的“BMW”，在不知不觉中我锻炼了腿脚。

有时候，我明明没有刻意加快步速，旁人却惊呼：“您走得可真快！”这也能从侧面说明，我腿脚的状态还不错呢。

今后，我也会继续将我的“BMW”坚持下去。

第5章

不惧失败

挑战只有自己才能做到的事

“做只有三兴才能做到的事”是我们公司的目标之一。早在创始人当家的时候，他便喊出了这个口号。

虽说社会经济形势瞬息万变，但从长远来看，它必然是缓慢增长的状态。在这样的大环境下，安于现状绝不仅仅是原地踏步，更无异于衰退。所以我们才要抱着更上一层楼的态度，不断挑战新课题，在公司层面与个人层面不断地成长。

但我们也不是什么新鲜事都要插一脚，“做不做”的判断标准就是“这是不是只有三兴才能做到的事”。

2021年，人们的生活被新冠病毒搅得天翻地覆，而对抗病毒的一大利器就是疫苗。我们公司在2021年组织了集体接种。

当时申请集体接种需要满足很多条件。接种人员需超过1000名，还要联系好医生、护士等医务人员，找好场地……所以员工人数较少的中小企业很难自行组织起来。

三兴工业只有455名员工（截至2021年4月），单算员工肯定是不够的，于是我们向员工家属、124家供应商和物流中心周边的100多家餐饮店发出了邀请，最终接种人数达到了1600余人，远超有关部门设置的最低人数要求。

对一家专注螺丝贸易的公司来说，组织集体接种疫苗是一个完全陌生的领域，各个环节都没有一点经验可循。多亏相关人员的不懈努力，我们才能本着“做只有三兴才能做到的事”这一精神，向这一新课题果敢地发起挑战。

我认为每个公司职员都应该有这种态度。毕竟商业社会的大环境变幻莫测，要是人人都不挑战新事物，说不定下一秒就会被风浪吞噬。

今时今日，我仍会时常提醒自己，要做只有自己才能做到的事，要勇于挑战新事物。大概是因为常年任职于一家鼓励挑战的公司，这种精神早已在我身上扎下了根。

机会总会降临在心怀梦想的人身上

我们公司有这样一条规定：所有新入职的员工都要先做一段时间内勤工作，没有性别与学历之分，想去销售岗的新人也不例外。除了想继续做内勤的人，其他人基本会在第二年调去外勤岗位。

大多数新人会一边学习职场的基础知识，一边默默处理内勤岗位的工作。但有些新人在为外勤岗做后勤工作的时候，也是一有机会就主动请缨：“下次请让我负责这个区域的销售工作吧！”

看到这么积极主动的新人，领导自然会格外关照，也希望他们能尽快调到自己心仪的岗位上。不难想象，这类人的愿望更容易实现。

有些人本想第一年就跑业务，被分配去了不合心意的内勤岗却默不作声。有些人则会毛遂自荐，跟领导说“让我去跑业务吧”。大家觉得两者的区别在哪里呢？

我认为关键不在于性格，而在于当事人对自己想要实现的梦想和“我想成为怎样的人”有没有清晰的愿景。

“如果如愿被分配到了销售部门，我一定会用自己最擅长的IT技能简化业务流程！”“我想努力开发新客户，成为销售领域的一代传奇！”……心怀这些梦想和愿景的人，都会表现出乐意接受任何挑战的气概。

近年来，“等指示专业户”的泛滥成了困扰企业的一大难题。领导不给指示，他们就一动不动。

缺乏主见、优柔寡断、畏惧失败、不愿承担责任……造成这些现象的原因可能是多方面的，而我认为，没有梦想或愿景也是催生出“等指示专业户”的一大原因。因为人要是没有梦想或愿景，就很难主动行动起来。

心怀梦想与愿景的人定会积极主动地采取行动，比如“我今天要这么办”“我想挑战一下那个”，以便向自己的目标更进一步。久而久之，便能得到领导和前辈的认可与重视。这样的人在工作上遇到困难时，也会发挥创意，巧妙克服。见状，他们的领导自然会想：“下次安排他做那个试试……”于是他们就会比别人更快得到机遇，更早被调去心仪的岗位。

让大家知道你有什么特长

梦想与愿景当然是因人而异的。

有些人可能没有明确的梦想或愿景，而实际上这类人才是大多数。

在我看来，明确梦想或愿景的第一步就是保持旺盛的好奇心。

其实每个人的内心深处都有关于“自己想成为什么样的人”“对未来有什么希冀”的模糊想法，只是他们还没有把这些想法转化成明确的话语，所以才误以为自己没有梦想或愿景。

只要一个人对新事物抱有兴趣，有着旺盛的好奇心，“想多了解一点”“想多体验一点”，好奇心就会发挥出“催化剂”的作用，让埋藏在内心深处的梦想和愿景逐渐清晰起来。

培养好奇心的方法多种多样，比如阅读、与艺术亲密接触（看艺术展、听音乐会）、去陌生的地方旅行、爬山拥抱大自然……置身在有别于日常的环境，刺激感官，是激活好奇心的好方法。

发展自己的特长也可以帮助我们明确梦想，把握机会。

我们公司的销售部出过一位堪称IT专家的年轻员工。当时他逢人便说：“我想做一些能运用IT技能的工作。”久而久之，领导们也觉得“不让他发挥特长未免可惜”，于是就把他调到了商品企划部。他顿时如鱼得水，一手构建起与合作伙伴在线沟通的机制，还设计了一套有助于开发新品的系统，为公司做出了巨大的贡献。

这个例子告诉我们，多跟周围的人宣传自己的特长也很重要。要是你什么都不说，错过了发挥特长的机会，那就如同“守着金饭碗要饭”，公司和个人都会错失成长的良机。

简历上不是都有“特长”这一栏吗？很多人在求职、

跳槽的时候会想方设法把这一栏填满，给自己加分，可一旦找到工作，就很少宣传自己的特长，别提有多低调了。

在亚洲这些以自谦为美德的国家，自我宣传过度可能会惹人嫌，但我觉得大家至少应该让周围人知道你有哪方面的特长。

自我宣传千万不能止步于纯粹的自吹自擂。与“这项特长能以怎样的方式为公司添砖加瓦”这一点结合起来，才能达到事半功倍的效果。

整理会带来令人意想不到的机会

保持工作区域干净整洁的重要性我就不再赘述了。在这里我还想告诉大家，养成勤收拾、多整理的好习惯，说不定还能抓住令人意想不到的机遇。

我来给大家分享一下我们公司的一位年轻女员工的经历，没有比这更生动的例子了。当时她刚被分配到销售部的内勤岗位，每天都会提前一些到公司收拾整理。自己的工位自不用说，整个部门的办公区域她都要打扫一遍。

销售部有一个文具盒，里面装着笔记本和各种文具。打扫卫生的时候，她还会特意把文具盒放在容易拿取的位置。如此一来，同事们一到公司便能立即投入工作。

虽说我们早已进入互联网时代，但还是有不少客户是通过电话咨询下单的。有时候上班时间还没到，电话就响了。电话来得太早，销售部只来了她一个人，接听应对的任务自然就落在了她头上。渐渐地，她细致准确的应对赢得了客户的一致好评，后来还有好几家客户点名要跟她对接。

公司内部也很关注她的出色表现，将年度新人奖（只有入职两年内的新员工才有资格参与评选）颁给了她。

并不是每一个在空荡荡的销售部办公室收拾整理的员工都能像她那样赢得客户的好评。缺乏经验的新人第一次接听客户的咨询或下单电话时，说不定会不知所措、手忙脚乱。而且上班时间还没到，办公室里没有别人，也无法请前辈出面帮忙。

由此可见，她平时不光把办公桌收拾得井井有条，电脑和头脑里的东西肯定也时刻整理得清清楚楚。正因为这样，她才能沉着冷静地应对电话，赢得客户的信任，并得到同事们的一致赞誉。

冷暖自知，吃一堑长一智

三兴工业的创始人经常引用“冷暖自知”这个成语。他对“冷暖自知”的理解是，水是冷是热，要喝一口才知道。凡事都需先试试，不然永远都不知道结果会怎样。

我觉得创始人想表达的意思是“尝试过才知道结果，不要惧怕小小的失败，先放手试试再说”。

据说三得利的创始人鸟井信治郎就有这种精神。有一次，他的下属有意挑战陌生的领域，却遭到了周围人的反对。他便鼓励下属道：“放手试一试吧，不试怎么知道呢！”

全新的挑战总免不了失败。谁都不愿看到挑战以失败告终。

就算你鼓起勇气挑战了前所未有的难题，最后以失败告终，只要这段经历能化作你和公司的经验，促使你以吃一堑长一智的态度磨炼自己，那就决不是毫无意义的失败，反而是一种对自身有利的经历。因为惧怕失败而不放手尝试，才弊大于利。

体育运动和工作一样，失败乃家常便饭。但运动员要是畏惧失败，就永远都无法成长。

2020年东京奥运会[①]男女街式滑板赛的冠军都是日本运动员。看到日本奥运健儿在新的项目中表现优异，我打心底感到高兴。不过这几位以高难度动作赢得金牌的运动员肯定也不是一上来就能次次成功。没能完成既定动作的时候，落地时出现失误、狠狠摔在地上的时候，他们都会吃一堑长一智，稳步成长，最终才能收获耀眼的金牌。

运动员是通过一次次挑战与失败成长起来的，公司和员工也不例外。就算挑战以失败告终，我们也能从失败中吸取经验，为日后的成长奠定基础。

---

① 即第 32 届夏季奥林匹克运动会，是由日本奥林匹克委员会举办的国际性运动会，于 2021 年 7 月 23 日开幕，8 月 8 日闭幕。

挑战离不开强大的心理素质。而且我相信，克服失败有助于磨炼心性。

都说高水平的运动员必然是心、技、体全面发展。运动员的失败不仅能磨炼他们的技术和身体，还能强化心理素质。心、技、体的成长都离不开失败的磨砺。同样的道理也适用于我们的日常工作。

70岁以前，我每年都要去北海道的二世谷滑雪。可惜后来我的滑雪搭档退休了，也就没机会去了。

挑战稍有难度的雪道时，难免会栽上几个跟头。摔的次数多了，光是起身也会有些困难。但我一般不会劳烦滑雪巡逻队用雪橇把我送到山脚下，除非是脚扭伤了。不论是路面结冰还是风雪交加，我都靠自己的本事滑下山去。

在反复跌倒、起身的过程中，滑雪的技术定会有所提升，还能培养出不惧失败的心理素质。久而久之，便能发挥出不屈不挠的精神。

工作也是如此。屡战屡败，屡败屡战……久而久之，就能养成百折不挠、咬牙坚持的韧劲。内心强大了，什么样的困难和障碍都难不倒你。

不要把失败归咎于他人

在漫长的职场生涯中，我也有过无数次大大小小的失败。细细回想起来，那些失败的起因大多是自以为是与先入为主。过于坚持以往的成功经验，“以前都是这么干的，没必要改”，很容易造成失败。

因此我认为，自以为是、先入为主和固守成规都是工作中的大忌。

新人尤其不能想当然，“这次的任务跟之前的差不多，用老办法就行了”，应当把每一项任务都当成第一次接手的新任务，认真对待。

人们常说，“失败乃成功之母。”这句话的意思应该不用我多解释了——失败了也没关系，只要查明原因，改进有问题的地方，就能离成功更近一步。

要将失败转化为成功，关键在于“无论发生什么，都不要把失败归咎于他人”。如果你的心态不够谦虚，不觉得失败的原因在自己身上，就无法从失败中吸取教训。

“都怪领导安排这么一个赶时间的项目给我。”“都是同事的错，明明能看出来我忙得慌了神，也不来搭把手。”……如果你总是如此被动地等待，把失败归咎于他人，那么失败就只会止步于失败，永远都不可能找到通往成功的突破口。

只有先承认自己的失败，真诚地面对自己的内心，纠正问题，改良短板，才能以失败为动力不断成长。

开诚布公，不要遮遮掩掩

过去以“扣分主义”为评价体系建立起来的机制至今仍影响着一部分学校和企业。

在扣分文化中长大的人难免会畏惧失败，不敢接受挑战。长此以往，个人与公司都无法实现成长。

失败是成功之母，更是实现飞跃的机遇，然而在短视的人看来，失败也许只等于“扣分”。而更令人担心的是，很多学生和员工都养成了“犯了错就想办法隐瞒”的心态，因为他们担心自己的失误一旦被曝光，就会惨遭“扣分”。

挑战与失败总是如影随形。不承认失败，甚至企图假装失败从没有发生过，那就是不折不扣的“隐瞒”。

失败时越是遮遮掩掩，对个人和公司的负面影响就越大。失败与火灾一样，如果能在刚起火时及时发现，用灭火器扑灭，就不会演变成灾难。可要是听之任之，兴许就会发展成烧毁全公司的大火。

出错后遮遮掩掩，暗中处理，自以为别人肯定发现不了……这样的心态大错特错。

我在会计岗位摸爬滚打了半个多世纪，所幸从没在钱财方面出过大错。万一这类岗位上的人犯了大错，还藏着掖着，影响一旦扩大，不仅会损害相关部门的利益，更会殃及全公司，甚至令公司信誉扫地。因此我时刻提醒自己，无论大错小错，都要立即开诚布公，决不遮遮掩掩。

即便是以一己之力难以挽回的大麻烦，只要及时“报联商”，向领导或前辈求助，就完全有可能修正错误，回到正轨。

能得到团队伙伴的帮助，也是人在职场的一大优势。

无论成败，“从零开始”的心态不可少

谁都知道栽了跟头要尽快调整心态，不能一直闷闷不乐。但事情真落到自己头上的时候，也许还是会感到沮丧。但只要从失败中吸取经验教训，为了日后的成功行动起来，人就能走出沮丧的情绪。如此一来，下一个机会也许会来得更快。

既然时光无法逆转，那就尽快重整旗鼓，抬起头来向前看。要是久久沉浸在失败中无法自拔，搞不好就会错失成长的机会。千万谨记，积极进取的心态不可少。

其实成功的时候，我们也需要尽快调整好心态。

成功的经验有助于建立自信心，再小的成功也管用。带着自信心投入工作当然是必要的，但大多数成功并不是当事人自己力挽狂澜的结果。即使项目是你主导的，成功

的背后总有许多人的默默付出。还有一些成功是因为你比较走运，在正确的时机抓住了机会，恰似风帆遇上顺风。我们生活在一个瞬息万变的时代，总想复制以往的成功，就很有可能无法灵活应对大环境的变化。

失败也好，成功也罢，事情过去了，就尽快清空归零。“从零开始”是我长久以来坚持的原则之一。

看电视转播的外国冲浪大赛时，我注意到一个有趣的现象。一个又一个浪头从近海冲向沙滩，而冲浪选手会耐心等待，直到恰到好处的浪头出现。他们观察海面的时间远远多于实际下海冲浪的时间。这样有助于保存体力。等大小适中的浪头涌来，再以出神入化的技巧划水，赶在浪头散开之前迅速起步。

冲浪比赛的画面让我不由得联想到，我们在工作和人生中也会迎来一个个大小各异、类型不一的浪头，需要看准自己可以充分发挥实力的浪头，冲上去抓住机会。

工作中讲究有的放矢，抱着“从零开始”的心态找准自己的发力点，你在漫长的职业生涯中就会收获多多。

不管三七二十一，先试试再说

1981年，三兴工业成了业内第一家全面引进电脑的公司。当时我已经51岁了。

现任董事长担任社长的时候，在大阪青年商会结识了一位信息工学教授。教授告诉他，库存管理和我负责的会计工作与电脑的契合度特别高，所以他才会下定决心，引进电脑。

虽然51岁才开始学着用电脑，但我并没有晕头转向的感觉。因为大家都是新手，公司上下形成了一种团结一致迎接新挑战的氛围，一步一步往前走就是了。我还清楚地记得，自己当时是兴奋多过困惑，很好奇引进电脑会带来什么样的变化。

我本就会用打字机和文字处理机，键盘输入不成问题。

文字处理机和电脑的键盘布局都跟打字机一样。我在商业高中的课上学过打字机的用法，很快就适应了键盘。

文字与功能的切换方法等方面确实有些不一样，但这些都没有难倒我。其实早在文字处理机和电脑出现之前，我就经历了从算盘到电子计算器的剧变。我们公司在20世纪70年代引进了计算器。在那之前，会计工作全靠算盘。

公司创始人始终信奉“量入为出”。他时常教导员工：“为了多收回一分钱的货款，多拜访几次客户都是值得的。”数字不太复杂的时候，我也想偷懒心算，但他会教育我：“哪怕是一加一，也得用算盘验算一下。”

算盘很宽，经验丰富的老手可以同时计算三四个数。电子计算器只能一个数一个数地算，但只要输入正确的数字，答案就不会出错。会计工作最讲究准确性，所以我对引进电子计算器没有任何抵触。

引进电脑后不久，公司便要求我们改用表格运算软件Excel编制会计表格。

对我而言，比起硬件层面的转换，掌握Excel这样的软件反而更难。好在公司的同事教了我一些基础的操作方法，我也在公司的支持下报了函授学习班，如今已经能跟年轻的同事一样灵活运用Excel了。其他Office软件，比如文字处理软件Word和演示文稿软件PowerPoint也是这么一点点学会的。

享受环境的变化并灵活应对，是长期活跃在职场一线的必备条件。

即便公司以后引进了新的硬件和软件，我也会用“不惧失败”的精神要求自己，不管三七二十一，先试试再说。

第6章

如何当领导，怎么做下属

一心想让下属按自己的想法来，换来的却是整个部门的无视

40岁那年，我迎来了意想不到的人生转折点。

一纸调令从天而降，我居然当上了科长。会计、行政等后勤工作原本都是公司创始人主要负责的，但随着公司规模逐渐扩大，员工越来越多，如果什么事都要他亲自管，那肯定忙不过来。于是公司新设了总务科，让资历最老的我出任科长。

在1970年，女科长还是非常罕见的。这本该是一桩喜事，可当年的我有些不知所措。因为通常情况下，普通员工要先升主任，再升系长[1]，然后才是科长，我却连跳了好

① 日本企业中特有的职位，在主任之上，科长之下。

几级。

科长需要统筹管理各项业务、领导下属，我却没有这方面的经验。我向来爱看经管类书籍，于是只能求助于书本上的知识。当时我误以为当了科长就应该在团队中扮演指挥官的角色，让下属们按照自己说的办就行了。

谁知刚当上科长没多久，我就碰了一鼻子灰……眼看就要年底清账了，这也是会计一年到头最忙碌的时候。我打算在下班后与下属们开个会，分配一下那段时间的加班任务。于是快下班的时候，我说了一句“大家下班后先别走，我们开个会”。虽说这个要求来得有些突然，但毕竟是领导下的命令，我本以为大家肯定会听从，可下属们既没说“好”，也没说“不好”，一到点都走了。他们显然是在以这种形式表达对我的反抗。

我并没有因此勃然大怒，反而“觉得自己没出息”的念头更胜一筹。于是我决定姑且打扫一下卫生，然后收拾东西回家。怀着郁闷的心情走进茶水间一看，却发现大伙的茶杯都还放在水池里。大概是走得太匆忙了，还没来得及洗。

我心想：“就这么放着不洗，明天早上上班的时候不就没茶杯用了吗？”于是我就用了些清洁剂，把每个茶杯擦得干干净净。

在清洗茶杯的过程中，我突然意识到：身为科长，我最应该做的是“打磨”每一位下属，让他们发光发亮，下达指令其实是次要的。

优秀的组织并不是“1+1=2”，而是“1+1=3甚至4”。集每位成员之所长，才能提升整个部门的业绩。我调整了心态，告诉自己“协助大家、凝聚力量才是科长的重要任务”。

第二天早上，我便向下属们诚恳地道歉：“昨天我不应该突然让大家留下来开会的，对不起。今后我还是想和大家一起完成好各项工作，让我们一起努力吧。”

从那时起，我不再要求下属完全按照自己的指示办，而是改用“与大家一起成长”的立场。渐渐地，大家便开始与我并肩作战，困扰我许久的年底清账工作也顺利完成了。

久而久之，下属们都觉得“玉置科长是经验丰富的老手，有什么问题都可以找她商量”。沟通日渐顺畅，总务科的整体业绩也是蒸蒸日上。

营造助力下属成长的环境

总是讨好下属、生怕被下属嫌弃的领导并不总能得到下属的敬爱。事与愿违才是常态。

上班不是几个好朋友凑在一起“过家家”，最后必须拿出实际的工作成果来。下属肯定希望领导能激发自己的潜力，提升自己的强项。因此，领导应当做的第一件事，就是营造一个下属更容易大展拳脚的环境。而实现这一目标的前提条件就是了解每个下属的个性。当上科长之后，我深刻认识到了这一点的重要性。

正所谓人各有异。如果你有10个下属，那就意味着你得跟10个性格各异的人打交道。每个人都有完全不同的价值观和事业追求。

充分了解每个人的个性，挖掘他们的潜力，并营造一个能让他们施展才能的环境，有助于提升组织整体的业绩表现。

“报联商”是沟通的基础，我们要有意识地降低“报联商”的门槛。这是因为只有先了解下属在想什么，在为什么事情烦恼，才能为他们打造出合适的舞台。

如果你是一个在为下属不主动“报联商”发愁的领导，那就先扪心自问，你有没有营造出一个公开透明的环境，让下属们愿意找你“报联商”呢？

领导不需要看下属的脸色，也不需要刻意讨好下属，但通过种种方法（例如P78提到的“养成见人打招呼的习惯”）营造开明的氛围尤为必要。这样一来，下属才会觉得，“有什么问题尽管找领导商量，领导一定会帮忙出谋划策的”。

如果有必要的话，我们也可以给出这样的建议：“我觉得你要是再学点这方面的技能，以后的发展会更好。近期公司刚好有培训，要不要参加看看？”当然，强迫下属参加是不可行的。

领导们平时应当用“亲切可靠的大哥哥或大姐姐”的形象示人，这样下属才愿意找你商量。但针对下属提交的工作成果，领导理应严格把关。

下属没有按时交付，或是交付质量很差，负责后道工序的部门愤而投诉……出现这种情况时，如果领导摆出很好说话的态度，“算了，下次努力就是了”，那就说明他在领导力方面有所欠缺。

领导至少要与下属促膝长谈一下，问清楚下属为什么没能按要求完成任务，并明确下次应该怎么做。做得好的地方要具体表扬，做得不好的地方不要大加训斥，而应该侧重于“如何改进”。

其实下属提交上来的东西再令人失望，只要领导及时介入，就完全有机会弥补。若领导无知无觉，显然是缺乏“报联商”导致的，出现问题时，请务必核查一下部门内部的沟通是否顺畅。

牢记“二八法则”，上下级便能相互感激

我读过的某一本经管书上有这么一句话：假设工作成果为100%，那么领导的贡献度为20%，下属则是80%。多年的工作经验告诉我，这个“二八法则”非常符合职场上的实际情况。

“将下属呕心沥血换来的工作成果都揽到自己身上的黑心领导”经常出现在职场电视剧或八卦新闻中。然而事实上，80%的工作成果得归功于下属，做领导的本该心存感激。

做下属的也不应该认为，领导不过是做了些指示而已，这些成果都是我们下面的人齐心协力拼出来的。领导也许在下属看不见的地方付出了心血，这才有了下属可以大展拳脚的工作环境。说不定，领导还出面联系了其他部

门，做了一些协调工作。

我始终相信，最理想的职场应该是肩负重任的领导可以卸下少许担子，稍微松一口气的职场。下属想为责任心强的领导尽心尽力，领导愿为能干的下属两肋插刀……双方相互理解与支持，才能生出默契。建立在明确要求上的“报联商”固然重要，但要是能在此基础上加几分默契，那便是如虎添翼。

如果领导下达指示以后就不闻不问，美其名曰“尊重下属的自主性”，下属自然不愿意追随。“报联商”做得不到位，却满不在乎地把责任都推卸给领导的下属也不像话。

在我看来，最强大的团队必然超越了“下属理应服从领导，领导理应对一切负责”的上下级关系，而实现了双方的相互尊重与支持。这样的团队，才是我们努力的目标。

全员朝着同一个愿景努力

想要打造一个相互尊重、相互助力的团队，就必须先实现愿景的共享。只要心怀相同的愿景，领导与下属就能朝同一个方向发力，主动而默契地行动起来。

就算大家做的是各不相同的工作，只要心里想着同一个目标，下属就可以成为领导的左膀右臂，领导也可以为下属创造大展拳脚的条件。

如果领导在为“下属表现得不尽如人意”发愁，那么原因之一也许就是愿景没有共享到位。组织成员不朝着同一个方向发力，组织就无法顺畅运作。无论每个人付出多少汗水，都有可能偏离既定的行进方向。

在三兴工业，社长会与各部门的主管共享愿景，而这些中层领导又会将愿景进一步传递给每一位员工，这也是我们公司的一大优势。这可能是因为三兴工业是从家族企业做起的，员工也不过500人左右，有种大家庭式的温馨氛围，一切透明公开，没有秘密。

将全公司共享的企业愿景总结成一句话，那就是“为客户鞠躬尽瘁”。工作的目的就是给客户谋福利。在日常工作中，我们时刻牢记这一点。

历任社长和董事长都会如此教导员工：“你在做的这件事有没有帮到别人？”这个问题也深深印在了我们的脑海中，可以说全体员工都在为帮助别人而奋力工作。而无数个“别人”，最终会归结到客户身上。

我们社长会在每年发年中和年终奖金的时候为员工颁奖。在颁奖典礼上，他总会提这么一句：“多亏了大家的不懈努力，我们取得了不错的成绩，这都是客户满意的结果。”

通过TQC改善业务流程，归根结底也是为了客户的利益。公司收益与客户满意度同步提升才是最理想的状态。正因如此，我们才会将“为客户鞠躬尽瘁”视作最重要的共同愿景。

领导=导演，下属=演员

如果把企业活动比作拍电影，那我觉得社长的作用和制片人类似，而部门领导相当于导演。

社长就像电影制片人一样，要筹集资金，进行投资，按愿景规划的路线赚取收益，力争实现公司这一组织的成功。

部门领导就跟导演一样，是片场（一线）的负责人。他们的职责是实现社长制定的愿景和规划。还要根据下属的资质，将每个人配置在恰当的位置，按照“剧本”开展各项工作。

员工们就是镜头下的演员。公司希望有一定资历的员工能献上主角级别的活跃表现。年轻人目前还只能演配角，但演得十分卖力，希望有朝一日能当上主角。

据说在电影界，制片人和导演之间经常发生冲突，突然改动剧本、更换导演也是常有的事。

“社长与部门领导起冲突”在商业社会里算得上是大事件，但在我们公司，这类问题发生的概率很低，因为部门领导相当于社长的分身，他们彼此是一条心。

部门领导若能将高层的愿景落实到基层的每一名员工身上，员工就可以毫不犹豫地在各自分配到的岗位上发挥实力。最终交付的成果（电影）若能让客户（观众）满意，公司便能更上一层楼。

之所以想到用电影来打比方，可能是因为我爱看电影吧。我年轻的时候，看电影就是我唯一的娱乐活动，所以我也自然而然地成了影迷。

只挑“顺眼”的看

对领导而言，“评价下属”是一项艰巨的任务。毕竟人与人之间自然有“合得来”与“合不来”之分，这是性格、气场层面的问题。但在工作中，我们决不能根据个人观感来评价下属。如果同一个部门的两个人工作表现差不多，领导给出的评价却不一样，得到差评的那个定会失去工作动力，进而拉低整个团队的积极性。

格外偏袒某个人就更不可取了。万幸的是，我们公司早就引进了一套既客观又有说服力的人事考评系统。除了定量评价（基于销售额、订单数量等可以用数字衡量的指标），这套系统还能给出客观的定性评价（针对工作积极性、工作态度等难以量化的维度）。

无论是负责考评的领导，还是被考评的下属，都很信任这套说服力十足的考评系统。

在日常工作中，领导也应该平等对待每一位下属。

“人总有好恶，难免会看一些人不顺眼，很难公平对待每一个下属。”——如果你作为领导有这样的烦恼，不妨只看下属让你觉得“顺眼”的部分，对“不顺眼”的部分睁一只眼闭一只眼。如果“不顺眼”的部分影响到了工作，那就不能视而不见，还请尽快与当事人开诚布公地探讨一下，并采取相应的对策。

人际关系中的好恶往往来源于感觉，无法从逻辑上给出解释，也很难扭转。但即便你很不喜欢某个人，看他特别不顺眼，只要用心去找，就一定能找到让你看着顺眼的地方，因为世上没有浑身都是缺点的人。

成天盯着下属让你看不顺眼的地方，你就会越来越讨厌对方。领导若能将这种情绪克制住，专注于下属身上看着顺眼的部分，就不难做到一视同仁了。

年轻人在“守破离”中成长

年轻人若想实现事业层面的成长，不妨按“守破离”的步骤层层推进。

“守破离”具体说来就是下面这3点。

“守”，即遵循前辈、老师传授的经验。

“破”，即在过往经验中融入自己的研究和创新，将其打破。

“离”，即进一步钻研，积累更多的经验，脱离现有的套路，创造出全新的、原创的东西。

以“守破离”思维培养年轻人时，我会按下面这样的步骤来。

第一年，主要要求年轻人将“守”字贯彻到底。

具体来说，就是选定一位前辈当导师，让年轻人认真观察导师的一举一动，用心模仿。这是为了帮助年轻人掌握开展工作的“套路”。

第二年，则要进入“破”的阶段。

密切观察前辈一年后，年轻人就会自然而然冒出这样的想法：“前辈的方法也不错，但我更倾向于这么做……”于是他们就会向导师征求意见：“我想调整一下这个环节，您看可以吗？”像这样，在开展工作的过程中融入自己的创意。

年轻人的创新有时会成功，有时会失败。经验不够丰富的时候，也许失败的概率更高。成功了当然好，但就算失败了，也可以从中吸取经验教训，得到“如何超越前辈”的启示。

第三年，便是“离”的阶段。

扮演导师角色的前辈可以将自己负责的几项工作移交给年轻人。如果双方都在销售部门，也可以分几家客户出来给年轻人负责。于是年轻人便能运用前几年学到的经验和知识，以自己的方式开展工作。久而久之，就能不再依赖前辈，形成自己独有的风格。

在此期间，前辈与领导要密切关注年轻人的动向，决不能不闻不问。当新人遇到困难时，领导应当及时出手相助。

领导与下属都要扬长避短

在我看来，培养年轻人的关键之一在于扬长避短。

我每天早上都会浏览《朝日新闻》的“天声人语”专栏。某天的文章里提到，将棋[①]传奇羽生善治九段说过，“通往成功的捷径是发展长处，而非勉强自己改进短处。”他在1993年拿下了龙王、王座、棋王和棋圣的头衔，成为有史以来最年轻（22岁）的四冠王。其实这样一位天才棋手也有弱点，他就是靠扬长避短取得了傲人的成绩。

改进短处耗时又费力，而且往往收获不了令人满意的

① 日本的一种棋类游戏。棋盘是一个由 10 条横线及 10 条竖线相交的方格阵，棋子置于方格之内，也就是 9 行 9 列的棋盘。

结果。长处则不然，提升起来不费劲，也更容易出成果。

日本的一档综艺节目《才能排名！！》中有各种才艺大比拼的环节，包括诗歌创作、水彩绘画、插花等才艺。常有明星在节目中展现出与本职工作全无关系的才能，看得我啧啧称奇。

明星又岂是特例？每个人都有某方面的天赋，擅长此道，而且这件事往往也是他们喜欢做的。因为喜欢，所以乐在其中，久而久之就变得更擅长了……这样就形成了良性循环。

不过人们往往很难意识到自己擅长什么，这就叫当局者迷吧。有不少明星是上了《才能排名！！》之后才重新认识到了自己的才能。所以领导要多观察下属，帮他们发现自身的长处。

趁年轻时多挑战各类工作，就有可能发现意料之外的长处。若能更进一步，将这项长处升华成“喜爱”，便能打造出良性循环。

别光想着让领导帮你，也要主动协助领导

对公司职员而言，工作不是为领导做的，而是为公司做的。努力工作不仅有助于公司的发展，也有助于自我成长和自我价值的实现。因此，我们决不能见风使舵，行事只看领导的脸色，但也不能忽视身边领导的反应。

“领导就知道发号施令，一点力都不出。”——如果你有这样的怨言，不妨先想想你能为领导做什么。

希望大家不要太功利，“能讨得领导的欢心，就能更快出人头地了”这种想法万万要不得，而应该多琢磨琢磨“如何协助领导才能提高整个团队的业绩”。

一味指望领导的帮助也不可取，主动协助领导才是我

们该有的工作态度。

要想协助领导，就得先摸清领导是个什么样的人。为此，我们必须先在日常工作中观察领导的性格和工作风格，充分了解其为人。不去了解领导，就一味抱怨“领导一点都不理解我”“有这么个领导，我根本发挥不了自己的全部实力”，那便太过轻率武断了。

建议大家在工作中观察以下3点，寻找有助于拉近双方距离的线索。

- 领导在工作中比较重视什么？
- 领导想建立一支什么样的团队？
- 领导有着怎样的人生哲学？

领导是离我们最近的榜样，其行为模式和思维模式都能为我们提供参考。充分了解自己的领导，摸索“做什么能让他高兴”，坚持试错，也能帮助我们明确“我要在今后的职业生涯中走一条怎样的路”。

如果一个人都没法跟身边的领导拉近距离，又岂能理解客户的需求，与客户打成一片呢？我始终坚信，为“协助领导、与领导拉近距离”服务的观察能力在其他工作中也能发挥出一定的作用。

回顾67年的职场生涯时，我总是由衷地庆幸自己遇到了好几位出色的领导。要说哪一位给我留下的印象最深，那肯定是现任董事长。

董事长是个“笔记狂魔”，再鸡毛蒜皮的小事都要记在备忘录上。下属有事跟他汇报的时候，也是借助便签等书面材料的效果更好。光动嘴，他还真不一定能听进去。

要是有下属找他口头汇报，他很有可能会说：“哦，我现在很忙，回头再说吧。”

我通过观察发现，最有效的方法就是把自己想说的归纳成文字，哪怕只列出几条要点也行，并附上一句“无须回复”或“请尽可能在明天之前回复”（即回复的截止期限）。

如此一来，董事长自会按时答复。我就是通过这样的点滴努力赢得了董事长的信任。

我一直在总务部，做的是内勤工作，平时很少与客户直接打交道。不过和董事长拉近距离之后，他时常咨询我：

“我收到了这么一封邮件，你看我该怎么回复比较好呢？”还让我帮忙起草给客户的回信呢。

体谅比自己年纪小的领导

我是三兴工业年纪最大的员工，领导个个都比我小。我的顶头上司（总务部部长）刚入职的时候，我就已经65岁了。

我跟比自己小的领导都共事28年了，早已习惯了这种情况。我也许算是一个特例，但在始于20世纪30年代的论资排辈制全面崩塌的当下，领导比自己年纪小应该不是什么稀罕事。

2021年4月日本厚生劳动省施行的《老年人雇佣法》修订案规定，企业应在力所能及的范围内为70岁以下的老年人群创造就业机会。我这种退休返聘的人将不可避免地跟比自己年轻的领导打交道。

在体育界（比如学校的运动队），论资排辈的文化依然根深蒂固，只是不及过去那样严格了。哪怕只高出一个学年，那也是至高无上的前辈，而且这种上下级关系是终生不变的，对前辈（也包括教练）唯命是从的倾向也成了职场骚扰的温床。

不管是体育界，还是职场，都应该以实力为本。近年来，日本企业终于跟上了欧美国家的脚步，将升职的标准从员工的年龄渐渐切换成了个人实力。

年轻一代在职场的某些领域可能更有优势，因为他们能够更灵活地把握时代的新潮流。

年纪比自己小又如何？只要对方有自己所没有的能力，就应发自内心地予以尊重。更何况公司就是因为人家实力过硬才提拔他当领导的，做下属的理应全力协助，哪怕领导比你年轻也一样。

大家不妨改变一下视角，站在年轻领导的角度想一想。肯定也有不少年轻的领导在为“如何与年长的下属沟通”而发愁。

如果你感到年轻的领导有沟通方面的困扰，不妨主动提出“有什么问题尽管来找我”。毕竟姜还是老的辣，年长的下属总归要比年轻的领导更有经验一些。

要是周围都是比自己年长的人，年轻的领导说不定会有种客场作战的感觉。下属若能在这个时候主动提议“有什么事尽管来问我”，领导定能感受到：“啊！大家跟我是一条战线的，都是值得依靠的伙伴！”

跟年轻的领导说话时也要注意措辞，以示尊重，不能仗着自己年纪大就用非常随便的语气。

打造女性也能大展拳脚的职场环境

我们公司共有455名员工，男性员工260名，女性员工195名，女性员工占比达到了42.9%（截至2021年4月）。

虽说活跃在职场的女性正在逐步增加，但还是有很多女性没有正式编制。

据专家预测，随着少子化、老龄化的社会发展趋势和人口的下降，日本的劳动力人口将持续减少。到时候，肯定是那些为女性创造了舒心环境的公司成长得更快、更好。

在日本，女性占总劳动力人口的44.4%[①]。在劳动力不断减少的当下，忽略了女性的力量，就不可能实现未来的

---

① 数据出自厚生劳动省的《2019 年职场女性报告》。

可持续发展。

听说有些企业与组织经常闹出针对女性的职场骚扰、职场歧视等问题，但我们公司从没出过这种事。我一个年过九旬的老奶奶都能活跃在工作第一线，不正说明三兴工业是一家对女性友好的企业吗?

我们公司有很多结婚生子后重返工作岗位，并干得风生水起的女性员工。其实打造更容易回归一线的环境不仅仅能造福女性，那些为了照护家人不得不请长假的同事也需要这样的职场环境。

而被雇佣的一方也需要认真思考，怎样才能找到“人生大事（结婚生子、养育子女、照护长辈）”和“通过工作实现自我价值”之间的平衡点。

在我看来，只有迈出这一步，才能走向工作与生活平衡、男女平等的百岁时代。

结语　力争健健康康干到100岁

如今，我已是93岁高龄了，肯定有很多读者好奇：“您要干到多少岁啊？”不瞒你说，我的目标是活力充沛地干到100岁。

好在公司也希望我能在第一线干到100岁。一想到公司还需要我这把老骨头，我工作起来就更有劲头了。我还有很多想要实现的目标。而且我本就积极向上，所以不觉得工作到100岁是什么难事。

我在90岁那年入选了吉尼斯世界纪录。一眨眼，离百岁大关只剩7年了。所以我还是很乐观的，觉得再干个7年应该没什么问题。我这人特别爱看奥运会，还想再多看几届呢。

我的座右铭是“今天努力过，明天就能再接再厉”，所以很重视每一天的点滴积累。攒上365天，便成了一年。

因此，“每年刷新吉尼斯世界纪录”便成了离我最近的小目标。不断达成这个小目标，便有望冲过“健健康康干到100岁”的终点线。

公司本想让我早上晚点来，傍晚早点回家，上个半天班就差不多了。部门同事也帮我分担了许多，工作量已经比原来小多了。不过我还是坚持上全日制班，不晚到，也不早退。

利用节假日与妹妹一起出门购物是我工作之余的一大爱好。但碰到总务部没人上班会影响其他部门业务的情况时，哪怕是星期六，我也会主动去公司值班。妹妹对此很是无语，常常感叹：“姐，看来你是真的很喜欢这家公司啊！”

至于100岁以后要干什么，我也规划好了。我想当个作家，出本随笔集。

我年轻时是个不折不扣的文艺少女。还记得当年我经常看母亲订阅的杂志，比如《妇人俱乐部》和《主妇之友》，还模仿上面的文章写作文，结果交上去以后被老师痛骂了一顿。因为作文里用了一些小孩子不会用的词句，措辞偏成熟了一些，老师批评我说："别学这些乱七八糟的！"

我的父母也是文学爱好者，所以我们家当年有日本文学全集，我特别爱看永井荷风、室生犀星等文豪的作品。

我至今仍爱看名家全集，家里收藏了开高健、司马辽太郎等作家的所有作品。伟大的作品就是可以历久弥新，流芳百世。

我不觉得自己能写出那种级别的杰作，但100岁以后，可以自由支配的时间肯定会比较多，到时候就能写些随笔试试看了。儿时的我也曾怀揣过当作家的梦想，可惜父亲走得早，以至于我只能投身职场，化身一家老小的顶梁柱。

我想实现这个未竟的梦想。

还记得小时候，学校的老师说过这么一番话："泰子同学很擅长在脑海中构思文章，但不擅长从写实的角度刻画眼前的现实。"

我一直记得老师的这番点评，所以在写随笔之前，我想去各种各样的地方走一走，看看从没见过的风景，体验从没经历过的新鲜事，再以我自己的方式，如实记录下路上的所见所闻和所感。

这些年，我一直过着以工作和公司为中心的生活，活动范围比较狭窄，视野也比较有限，这可能是我的一大短板。所以我回忆起了当年老师给我的评语，想要在100岁后钻研一下要如何刻画现实的模样。

如果我得偿所愿，在100岁时出道成了作家，还请多多捧场。

感谢各位读者的一路陪伴。谢谢你，读完我写的这本书。

玉置泰子

快读·慢活®

从出生到少女，到女人，再到成为妈妈，养育下一代，女性在每一个重要时期都需要知识、勇气与独立思考的能力。

“快读·慢活”致力于陪伴女性终身成长，帮助新一代中国女性成长为更好的自己。从生活到职场，从美容护肤、运动健康到育儿、家庭教育、婚姻等各个维度，为中国女性提供全方位的知识支持，让生活更有趣，让育儿更轻松，让家庭生活更美好。